青少年机器人与人工智能系列丛书

总主编：蔡鹤皋

算法与编程竞赛入门教程

INTRODUCTION TO ALGORITHMS AND PROGRAMMING COMPETITIONS

杨 静 宋强平 编著

哈尔滨工业大学出版社
HITP HARBIN INSTITUTE OF TECHNOLOGY PRESS

内 容 简 介

本书主要讲解算法与编程，全面阐述算法与编程的基本概念和技术，循序渐进地引导学习者了解计算机编程的基础知识。书中从 C++ 语言基础知识开始介绍，在此基础上详细阐述 C++ 语言的特性，用通俗化的语言和形象的比喻来解释算法设计逻辑，同时用大量的图示和实例代码来帮助理解，并辅以各类练习题供学习者动手进行编程实践。

本书具有科学性与趣味性相结合、内容结构合理、例题丰富、配有高质量资源平台等特点，是学习 C++ 语言的入门级图书。本书适用于小学高年级、中学生及编程爱好者，也可作为备考青少年信息学奥赛的初级教材使用。

图书在版编目（CIP）数据

算法与编程竞赛入门教程 / 杨静，宋强平编著 .—
哈尔滨：哈尔滨工业大学出版社，2022.10
　　（青少年机器人与人工智能系列）
　　ISBN 978 – 7 – 5767 – 0290 – 3

　　Ⅰ . ①算… 　Ⅱ . ①杨… 　②宋… 　Ⅲ . ① C++ 语言 – 程序
设计 – 青少年读物 　Ⅳ . ① TP312.8 – 49

中国版本图书馆 CIP 数据核字（2022）第 121762 号

算法与编程竞赛入门教程

SUANFA YU BIANCHENG JINGSAI RUMEN JIAOCHENG

策划编辑	张　荣
责任编辑	张　荣　王　爽　林均豫
出版发行	哈尔滨工业大学出版社
社　　址	哈尔滨市南岗区复华四道街 10 号　邮编 150006
传　　真	0451-86414749
网　　址	http：//hitpress.hit.edu.cn
印　　刷	哈尔滨市石桥印务有限公司
开　　本	787 mm×1 092 mm　1/16　印张 22.25　字数 339 千字
版　　次	2022 年 10 月第 1 版　2022 年 10 月第 1 次印刷
书　　号	ISBN 978 – 7 – 5767 – 0290 – 3
定　　价	68.00 元

《算法与编程竞赛入门教程》
编 委 会

主 任 委 员：蔡鹤皋

副主任委员：潘旭东　雷深皓

委　　　员：（按照姓氏笔画排名）

于晓雅　王凤云　王　婧

李胜男　陈胤佳　佟婧楠

宋强平　杨　静　钟建业

俞忠达　索金涛　蔡雨林

前　言

　　随着"互联网+"时代的发展，人与计算机的联系更加紧密，程序语言是人与计算机沟通的方式，掌握编程能力是实现人与计算机互动的基础，编程教育已经被列入中小学课程。本书主要讲解 C++ 语言编程的基础知识，是学习C++ 语言的入门级图书。本书具有科学性与趣味性相结合、内容结构合理、例题丰富、配有高质量资源平台等特点。书中循序渐进地引导初学者了解计算机编程的基础知识，揭开程序设计的神秘面纱，进而逐步讲解 C++ 语言的基本概念和基础知识，为编程教学方式提供了一种新的思路。本书用通俗化的语言和形象的比喻来解释各种专业术语，同时用大量的图示和实例代码来帮助理解，并辅以各类练习题供学习者自己动手进行编程实践。

　　本书分为八章，包括走近信息学、顺序结构程序设计、分支结构程序设计、循环结构程序设计、数组、函数、文件和结构体及指针。作者结合了 NOIP（全国青少年信息学奥林匹克联赛）赛事的一些特点，对所传授的 C++ 知识进行了部分的删除和扩展，使同学们可以更有效率地学习信息学奥赛的相关知识点。本书的内容讲解着重介绍程序设计的思想和方法，尽量从直观入手，表述通俗易懂，方法、思路讲解清晰，并结合图表说明知识点情况，使学习者理解、掌握程序设计的思想、方法的实质；书中对典型案例的分析不仅解释了计算思维的体现与应用，而且能够激发学习者学习与感悟程序设计的兴趣，进而启发学习者进行深入思考。

　　本书强调启迪学习者的创新思维，注重各种方法之间的联系，书中内容由浅入深，在讲清概念的基础上，注重启发式分析和实际问题的建模过程。我们为各章精心设计了练习题，包括基础知识测查和信息学联赛试题，方便学生对已掌握的知识进行实践与回顾；线上云平台可为师生提供更加精准、全面与开放的编程教学与学习服务。希望程序设计的学习者能从本书中获益。

本书是集体智慧的结晶，凝聚了很多老师的心血，在编写过程中，得到了很多老师的协助，提供了不少题目的解题思路，在此向他们表示感谢；书中引用了一些文献和网络上的解题思路，在此一并向相关作者表示感谢。

　　限于编者水平，书中疏漏及不足之处在所难免，请广大读者批评指正。

编　者

2022 年 8 月

目 录

第一章 走近信息学

第一节 什么是信息学

一、什么是信息学奥赛

信息学奥赛旨在向中学阶段的青少年普及计算机科学知识，给学校的信息科技教育课程提供动力和新的思路，为学生提供相互交流和学习的机会，通过竞赛和相关的活动培养和选拔优秀的计算机人才。

信息学奥赛也包含一系列国内、国际关于信息学的竞赛，竞赛使用 C++ 语言。从 1984 年起，信息学奥赛开始举办全国性竞赛；而自从 1989 年我国参加第一届国际信息学奥林匹克竞赛（International Olympiad in Informatics，简称 IOI）以来，全国青少年计算机程序设计竞赛也更名为全国青少年信息学（计算机）奥林匹克竞赛（National Olympiad in Informatics，简称 NOI）。

1. NOI

全国青少年信息学奥林匹克（NOI）是国内包括港澳在内的以省级代表队为参赛单位的最高水平的大赛，自 1984 年至今，在国内组织竞赛活动。每年经各省选拔产生 5 名选手（其中一名是女选手），由中国计算机学会在计算机普及较好的城市组织比赛。这一竞赛记个人成绩，同时记团体总分。

NOI 期间，举办同步夏令营和 NOI 网上同步赛，为程序设计爱好者和高手提供机会。为增加竞赛的竞争性、对抗性、趣味性以及可视化程度，NOI 组织进行团体对抗赛，团体对抗赛实质上是程序对抗赛，其成绩纳入总分计算。

2. NOIP

NOIP，全称"全国青少年信息学奥林匹克联赛"（National Olympiad in

Informatics in Provinces，简称 NOIP），一般简称"信息学竞赛"，是中学阶段最重要的"数学、物理、信息学（计算机）、化学、生物"五大学科竞赛之一。自 1995 年至今，每年由中国计算机学会统一组织。NOIP 在同一时间、不同地点以各省市为单位由特派员组织。全国统一大纲、统一试卷，编程语言限定为 C++，初、高中或其他中等专业学校的学生可报名参加联赛。联赛分初赛和复赛两个阶段：初赛考查通用和实用的计算机科学知识，以笔试为主；复赛为程序设计，须在计算机上调试完成。参加初赛者须达到一定分数线后才有资格参加复赛。联赛分普及组和提高组两个组别，难度不同，分别面向初中和高中阶段的学生。

3. APIO

亚洲与太平洋地区信息学奥林匹克竞赛（Asia Pacific Informatics Olympiad，简称 APIO）于 2007 年创建，该竞赛为区域性的网上准同步赛，是亚洲和太平洋地区每年一次的国际性赛事，旨在给青少年提供更多的赛事机会，推动亚太地区的信息学奥林匹克的发展。APIO 于每年 5 月举行，由不同的国家轮流主办。每个参赛团参赛选手上限为 100 名，其中成绩排在前 6 名的选手作为代表该参赛团的正式选手统计成绩。APIO 中国赛区由中国计算机学会组织参赛，获奖比例将参照 IOI。

4. IOI

我国是国际信息学奥林匹克竞赛（International Olympiad in Informatics，简称 IOI）的创始国之一。历届赛事中，IOI 2000、IOI 2014 由中国主办，中国计算机学会（China Computer Federation，简称 CCF）承办。中国计算机学会组织代表队，代表中国参加国际每年一次的 IOI，出国参赛会得到中国科协和国家自然科学基金委员会的资助。自 1989 年开始，我国在 NOI（网上同步赛自 1999 年开始）、NOIP、冬令营、选拔赛的基础上组织参加国际信息学奥林匹克（IOI）竞赛。

5. CSP-J/S

CSP-J/S 是 CCF 非专业级软件能力认证（Certified Software Professional Junior/Senior，简称 CSP-J/S），创办于 2019 年，是由 CCF 统一组织的评价计

算机非专业人士算法和编程能力的活动。该活动在同一时间、不同地点以各省市为单位，由 CCF 授权的省认证组织单位和总负责人组织；全国统一大纲、统一认证题目，任何人均可报名参加。CSP-J/S 分两个级别进行，分别为 CSP-J（入门级，Junior）和 CSP-S（提高级，Senior），两个级别难度不同，均涉及算法和编程。CSP-J/S 分为第一轮和第二轮两个阶段：第一轮考查通用和实用的计算机科学知识，以笔试为主，部分省市以机试方式认证；第二轮为程序设计，须在计算机上调试完成。第一轮认证成绩优异者进入第二轮认证，第二轮认证结束后，CCF 将根据 CSP-J/S 各组的认证成绩和给定的分数线颁发认证证书。CSP-J/S 成绩优异者，可参加 NOI 省级选拔，省级选拔成绩优异者可参加 NOI。信息学参赛路径如图 1.1 所示。

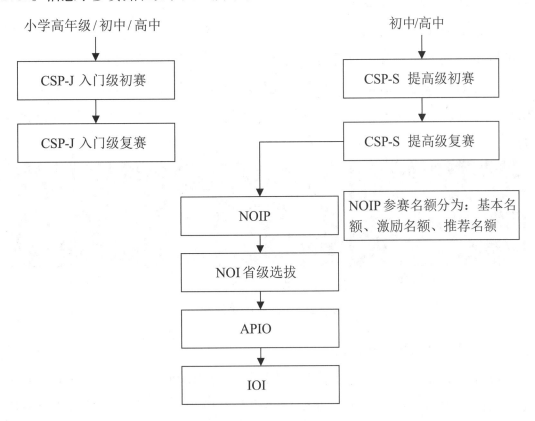

图 1.1　信息学参赛路径图

我国青少年信息学（计算机）竞赛大体上走过了三个阶段。第一阶段是 1984 ～ 1986 年，当时以 BASIC 语言作为主要的程序设计语言，主要考核学生对程序设计语言的理解和熟悉程度以及编程技巧；1987～1989 年进入第二阶段，逐步增加了数据结构等方面知识，对学生的要求除了要熟悉程序设计语言外，还要学习一些数据结构和算法的基本知识，加强上机编程调试能力的培养；自从 1989 年我国参加第一届国际信息学奥林匹克竞赛以来，整个计算机竞赛进入了第三阶段，即对学生的计算机理论知识和实践能力进行了全面要求，整个信息学（计算机）竞赛已成为智力和应用计算机能力的竞赛，涉及计算机基础知识、计算机软件知识、程序设计知识、组合数学和运筹学的知识、人工智能初步知识以及计算机应用知识等，同时要求学生具有较强的编程和上机调试的实践能力。

二、生活中的信息学

信息学解决的就是编程的问题，不论是机器人、人工智能、我们平时常玩的电脑游戏还是日常用的微信小程序等软件（图 1.2），都离不开信息学。人工智能是未来趋势，信息学是必备技能！对于喜爱信息学和计算机，未来希望投身计算机、信息通信、互联网等新兴行业的学生，参加信息学竞赛也是较好的选择。

　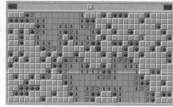　

（a）人工智能　　　　　　（b）扫雷游戏　　　　　　（c）微信小程序

图 1.2　生活中的信息学

三、竞赛软件简介

对信息学有所了解后，接下来需要熟悉信息学所使用的编程软件 Dev-C++（表 1.1）。Dev-C++ 是一个轻量级的集成开发环境（IDE），附带一组具有广泛功能的工具，例如：集成的调试器、类浏览器、自动代码完成、功能列表、性能分析支持、可自定义的代码编辑器、项目管理器以及适用于各种项目的预制模板、工具管理器等。因为这些工具是本机 Windows 应用程序，所以只需要少量的计算机资源。

Dev-C++ 具有精简的初始设置、简单的用户界面以及用于编写、编辑、调试和编译代码的多合一平台，因此对于初学者来说是不错的集成开发环境（Intergvated Development Environment，IDE）。

表 1.1　软件 Dev-C++

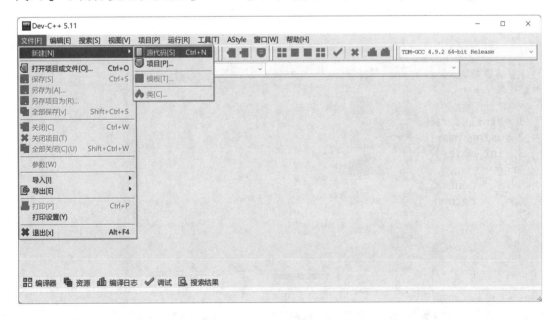		提供给我们打字平台
		检查我们程序中的错误： 拼写错误、漏了标点等
		把代码翻译成计算机最原始的语言（二进制语言），计算机的 CPU、内存和做运算只能使用二进制语言，这个过程也被称为"编译"

Dev-C++ 安装说明网址：

https://oj.hterobot.com/#/article/100025

Dev-C++ 简单使用过程如下：

（1）新建源文件。

如图 1.3 所示，打开软件后选择左上角【文件】，依次选择【新建】→【源代码】（或者使用快捷键【Ctrl+N】）。新建一个项目后，就可以编写代码了。

图 1.3　新建源文件方式

（2）输入代码。

这里以输出 Hello World！为例，如图 1.4 所示。

图 1.4　编写代码

（3）保存程序。

这里以保存路径为桌面，文件名为 Hello World.cpp 为例。如图 1.5 所示，使用快捷键【Ctrl+S】（或选择【文件】→【保存】），即可保存程序。

图 1.5　保存程序

注意：

①为了方便自己查找程序，可以自行选择一个路径新建一个文件夹，用来保存自己的代码。

②程序文件名称需具备一定的含义，方便日后查看和使用程序。

（4）编译程序。

如图 1.6 所示，使用快捷键【F9】（或选择【运行】→【编译】）对程序进行编译。

图 1.6　编译程序

（5）运行程序。

如图 1.7 所示，使用快捷键【F10】（或选择【运行】→【运行】）运行程序。

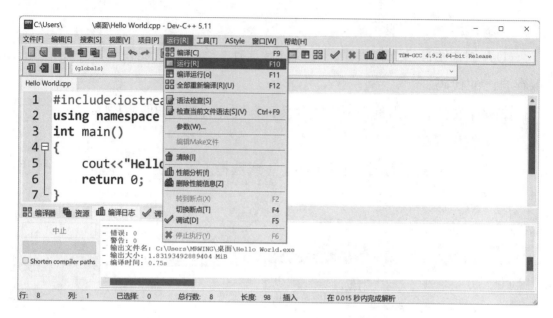

图 1.7　运行程序

（6）执行结果。

如图 1.8 所示，该程序的执行结果如下，屏幕显示了"Hello World！"。快来试试专属自己的程序吧！

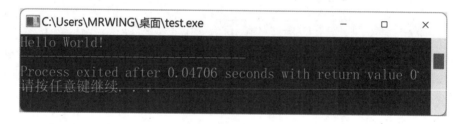

图 1.8　执行结果

四、在线编程

1. OJ 系统实现在线编程

Dev-C++ 是一个需要在本机安装的编程软件，那能不能有可以随时随地进行编程，还能方便保存程序的在线编程软件呢？答案是肯定的。接下来给大家介绍 OJ 系统，可实现在线编程。

Online Judge 系统（简称 OJ）是一个在线的自动判题系统。用户可以在线提交多种程序（如 C、C++）源代码，系统对源代码进行编译和执行，并通过预先设计的测试数据来检验程序源代码的正确性。有了这个系统，很大程度上方便了学生对信息学的学习。

一个用户提交的程序在 Online Judge 系统下执行时将受到比较严格的限制，包括运行时间限制、内存使用限制和安全限制等。用户程序执行的结果将被 Online Judge 系统捕捉并保存，然后再转交给一个裁判程序。该裁判程序或者比较用户程序的输出数据和标准输出样例的差别，或者检验用户程序的输出数据是否满足一定的逻辑条件。最后系统返回给用户以下状态之一：通过（Accepted，AC）、答案错误（Wrong Answer，WA）、超时（Time Limit Exceed，TLE）、超过输出限制（Output Limit Exceed，OLE）、超内存（Memory Limit Exceed，MLE）、运行时错误（Runtime Error，RE）、格式错误（Presentation Error，PE）、无法编译（Compile Error，CE）。同时，系统还会返回程序使用的内存、运行时间等信息。

2. OJ 系统的使用

（1）如图 1.9 所示，打开训练题库网站（https://oj.hterobot.com），点击右上角的【注册】，显示的注册界面如图 1.10 所示。

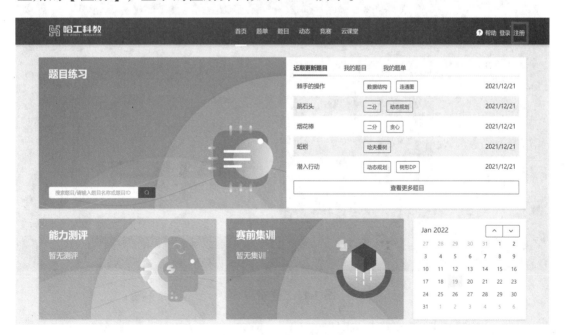

图 1.9　网站界面

图 1.10 注册界面

（2）注册后在登录界面（图 1.11）输入账号密码，登录网站。

图 1.11 登录界面

（3）登录后显示的题目列表如图 1.12 所示。

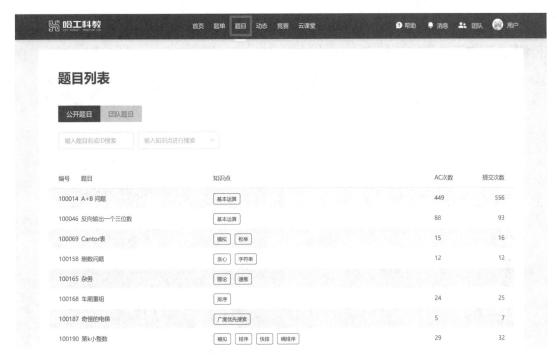

图 1.12　题目列表

（4）在线练习界面如图 1.13 所示（以 A+B 问题为例）。

图 1.13　在线练习界面

（5）如图 1.14 所示，在对应位置编写程序代码并填写测试用例，点击【运行测试】进行代码试运行。

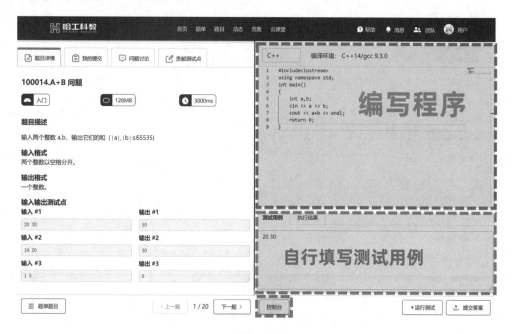

图 1.14　运行测试界面

（6）如图 1.15 所示，运行测试能正确输出结果即可点击【提交答案】，点击【我的提交】可查看测试点通过情况。程序执行状态见表 1.2。

图 1.15　测试情况

表 1.2 程序执行状态

测试点信息	#1 **AC** 0ms/2mb	#2 **WA** 0ms/2mb	#3 **RE** 0ms/2mb
测试点状态	Accepted 通过	Wrong Answer 答案错误	Runtime Error 运行时错误
含义	Accepted 程序已通过	Unaccepted 程序未通过	Compile Error 程序编译错误

3. 大数据记录学习过程

通过大数据对学习过程进行记录，可以查看团队整体及单个学员的实时学习数据概况，量化学习效果。图 1.16 所示为成员排行榜，系统根据测评结果、提交数量、得分点生成，对团队排名前 3 的用金、银、铜牌图标进行标记，通过对比和竞争来激发学习动力。

图 1.16 成员排行榜

通过大数据对学习过程中的观看视频时长、提交评测数据、测试点情况、知识点进行统计，成员数据统计如图 1.17 所示。大数据方便学习者查缺补漏，明晰自己的学习情况，理清知识盲点，有针对性地进行训练，也可以查看团队整体实时数据概况，有利于把握整个团队的学习进度。

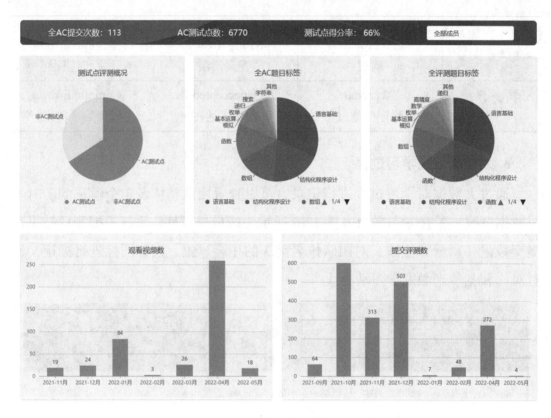

图 1.17　成员数据统计

大数据可对测评数据进行统计，包括提交评测时间、题目记录、测试点类型、源码记录等（图 1.18），方便学习者查找题目记录，同时支持源代码下载。

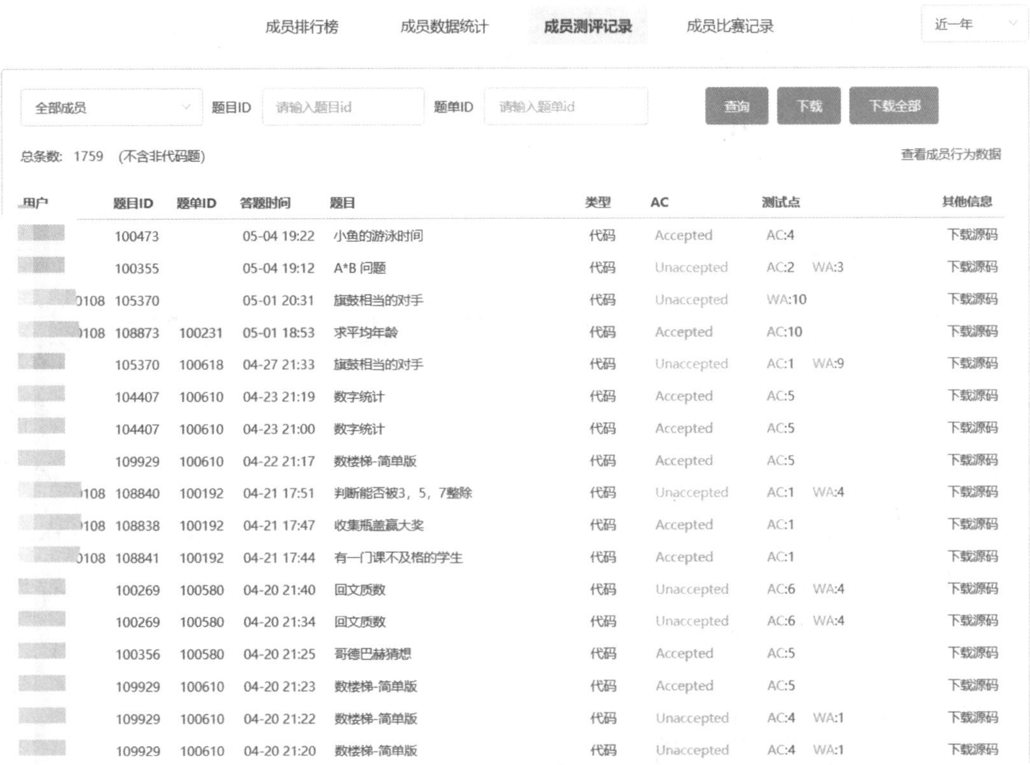

成员排行榜　　　成员数据统计　　　**成员测评记录**　　　成员比赛记录　　　　　　近一年 ⌄

| 全部成员 ⌄ | 题目ID | 请输入题目id | 题单ID | 请输入题单id | | 查询 | 下载 | 下载全部 |

总条数：1759（不含非代码题）　　　　　　　　　　　　　　　　　　　　　　　查看成员行为数据

用户	题目ID	题单ID	答题时间	题目	类型	AC	测试点	其他信息
	100473		05-04 19:22	小鱼的游泳时间	代码	Accepted	AC:4	下载源码
	100355		05-04 19:12	A*B 问题	代码	Unaccepted	AC:2　WA:3	下载源码
0108	105370		05-01 20:31	旗鼓相当的对手	代码	Unaccepted	WA:10	下载源码
0108	108873	100231	05-01 18:53	求平均年龄	代码	Accepted	AC:10	下载源码
	105370	100618	04-27 21:33	旗鼓相当的对手	代码	Unaccepted	AC:1　WA:9	下载源码
	104407	100610	04-23 21:19	数字统计	代码	Accepted	AC:5	下载源码
	104407	100610	04-23 21:00	数字统计	代码	Accepted	AC:5	下载源码
	109929	100610	04-22 21:17	数楼梯-简单版	代码	Accepted	AC:5	下载源码
0108	108840	100192	04-21 17:51	判断能否被3，5，7整除	代码	Unaccepted	AC:1　WA:4	下载源码
0108	108838	100192	04-21 17:47	收集瓶盖赢大奖	代码	Accepted	AC:1	下载源码
0108	108841	100192	04-21 17:44	有一门课不及格的学生	代码	Accepted	AC:1	下载源码
	100269	100580	04-20 21:40	回文质数	代码	Unaccepted	AC:6　WA:4	下载源码
	100269	100580	04-20 21:34	回文质数	代码	Unaccepted	AC:6　WA:4	下载源码
	100356	100580	04-20 21:25	哥德巴赫猜想	代码	Accepted	AC:5	下载源码
	109929	100610	04-20 21:23	数楼梯-简单版	代码	Accepted	AC:5	下载源码
	109929	100610	04-20 21:22	数楼梯-简单版	代码	Unaccepted	AC:4　WA:1	下载源码
	109929	100610	04-20 21:20	数楼梯-简单版	代码	Unaccepted	AC:4　WA:1	下载源码

图 1.18　成员评测记录

五、练习

练习 1　中国计算机学会于（　　　）年创办全国青少年计算机程序设计竞赛。

A.1983　　　　　　　B.1984　　　　　　　C.1985　　　　　　　D.1986

练习 2　下列关于图灵奖的说法中，正确的有（　　　）。

A. 图灵奖是由电气和电子工程师协会（IEEE）设立的。

B. 目前获得该奖项的华人学者只有姚期智教授一人。

C. 其名称取自计算机科学的先驱、英国科学家艾伦·麦席森·图灵。

D. 它是计算机界最负盛名、最崇高的一个奖项，有"计算机界的诺贝尔奖"之称。

第二节 计算机系统简介

一、计算机发展史

以史为鉴，可以知兴替。现在我们所使用的计算机已经比较小巧了，可你知道第一台计算机的来历吗？第一台计算机名字叫"ENIAC"，于 1946 年 2 月 14 日在美国宾夕法尼亚大学诞生（图 1.19），用了 18 000 个电子管，占地 170 平方米，重达 30 吨，耗电功率约 150 千瓦，每秒钟可进行 5 000 次运算。这在现在看来微不足道，但在当时却是破天荒的，因此在 1946 年至 1958 年，这种计算机也被划分为第一代电子计算机。它们体积大，运算速度慢，存储容量不大，并且价格昂贵，使用也不方便。

图 1.19 第一代电子计算机

第二代计算机出现在 1958 年到 1965 年，它们全部采用晶体管作为电子器件，其运算速度比第一代计算机的速度提高了近百倍，体积为原来的几十分之一。在软件方面，第二代电子计算机开始使用计算机算法语言，如图 1.20 所示。

图 1.20　第二代电子计算机

第三代计算机出现在 1965 年到 1970 年。这一时期电子计算机的主要特征是以中、小规模集成电路为电子器件，并且出现操作系统，使计算机的功能越来越强，应用范围越来越广。第三代电子计算机如图 1.21 所示。

第四代计算机是指从 1970 年以后采用大规模集成电路和超大规模集成电路为主要电子器件制成的计算机。目前我们所使用的计算机都是第四代电子计算机，如图 1.22 所示。

图 1.21　第三代电子计算机

图 1.22　第四代电子计算机

通过计算机的发展史，你能畅想下一代计算机是什么样的吗？

二、计算机的硬件系统

计算机的工作原理是怎样的呢？回答这个问题之前我们可以先观察自己，计算机具备的能力和人类及其他动物所具备的能力非常相像，计算机也有负责思考和记忆的大脑，也有类似人类的各种感官，其工作原理如图 1.23 所示。

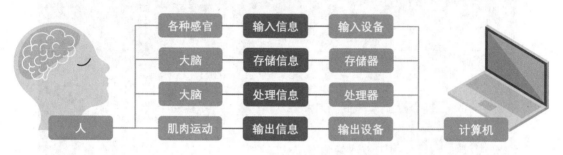

图 1.23　计算机工作原理

各式的计算机，其外观千差万别，如手机、平板电脑、笔记本电脑等，它们都以不同的方式运行，但是外壳之内却是大同小异，均包含以下五个部分：输入设备、存储器、控制器、运算器、输出设备，其中运算器和控制器一起组成了中央处理器，就是我们耳熟能详的 CPU。

那么，这几个部分是怎么配合工作的呢？计算机体系结构如图 1.24 所示。

计算机的工作原理简单来说就是各个组成部分通力合作，接受由 CPU 发出的控制流的控制，完成数据流从输入设备输入，经过存储器的存储和 CPU 的处理，最后由输出设备输出的传递过程。

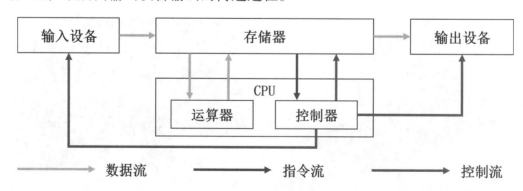

图 1.24　计算机体系结构

1. CPU

计算机的运算器和控制器集中在一块芯片上，称"中央处理器"，简称 CPU。它是计算机硬件系统的核心部件，如图 1.25 所示。运算器负责完成各种算数运算和逻辑运算，控制器是计算机的指挥控制中心，指挥计算机的各个部件按照程序要求执行各种操作。

图 1.25　运算器与控制器组成 CPU

2. 存储器

顾名思义，存储器就是计算机的记忆系统，是计算机系统中的记事本，如图 1.26 所示。而和记事本不同的是，存储器不仅可以保存信息，还能接受计算机系统内不同的信息并对保存的信息进行读取。存储器由主存与辅存组成：主存就是通常所说的内存，分为 RAM 和 ROM 两个部分；辅存也就是外存，但是计算机在处理外存的信息时，必须首先经过内外存之间的信息交换才能够进行。

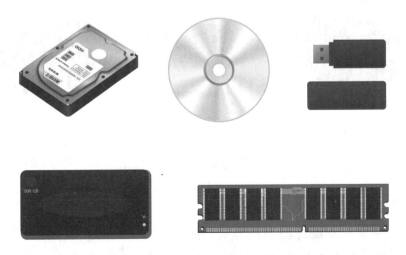

图 1.26　存储器

3. 输入设备

计算机输入设备用于把外部信息输入计算机。扫描仪、手绘板、键盘、网络摄像头、鼠标等都属于输入设备，如图 1.27 所示。

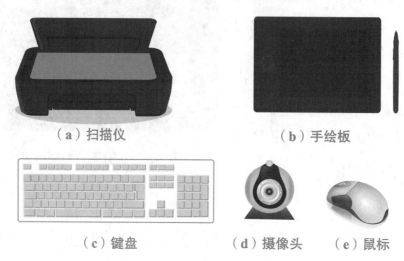

（a）扫描仪　　　　　　　　　　　　（b）手绘板

（c）键盘　　　　　（d）摄像头　　（e）鼠标

图 1.27　输入设备

4. 输出设备

输出设备也是计算机人机互动的关键设备（图 1.28），它的特点是可以将计算机的信息以画面的形式展现出来，具有很好的直观性。常见的输出设备有显示器、打印机、语音和视频输出装置等。

（a）显示器　　　　（b）打印机　　　　（c）音响

图 1.28　输出设备

三、计算机软件系统

只有一堆硬件不能称之为计算机，软件是计算机的灵魂，让计算机有了"生命"。计算机的软件系统是指计算机运行的各种程序、数据及相关的文档资料，如图 1.29 所示。计算机软件系统通常分为系统软件和应用软件两大类。系统软件能保证计算机按照用户的意愿正常运行，满足用户使用计算机的各种需求，帮助用户管理计算机和维护资源，执行用户命令、控制系统调度等任务。系统软件和应用软件虽然各自的用途不同，但它们的共同点是都属于存储在计算机存储器中，以某种格式编码书写的程序或数据。

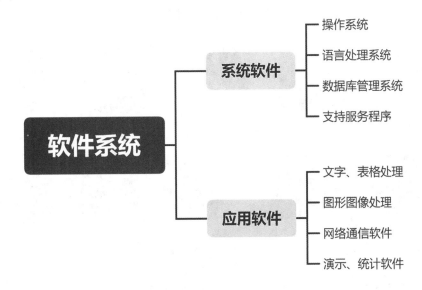

图 1.29　计算机软件系统

1. 系统软件

系统软件是指控制和协调计算机及其外部设备、支持应用软件开发和运行的一类计算机软件，如图 1.30 所示。系统软件一般包括操作系统、语言处理程序、数据库系统和网络管理系统。

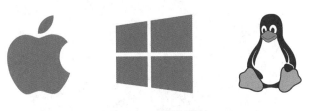

图 1.30　系统软件

2. 应用软件

应用软件是指为特定领域开发并为特定目的服务的一类软件。应用软件直接面向用户需要，可以直接帮助用户提高工作质量和效率，甚至可以帮助用户解决某些难题。

应用软件如图 1.31 所示，一般分为两类：一类是为特定需要开发的实用型软件，如会计核算软件、工程预算软件和教育辅助软件等。另一类是为了方便用户使用计算机而提供的一种工具软件，如用于文字处理的 Word、用于辅助设计的 AutoCAD 及用于系统维护的杀毒软件等。

图 1.31　应用软件

四、计算机软件系统与硬件系统的关系

硬件和软件是一个完整的计算机系统互相依存的两大部分，硬件是软件赖以工作的物质基础，软件的正常工作是硬件发挥作用的唯一途径。计算机系统必须要配备完善的软件系统才能正常工作并充分发挥其硬件的各种功能。它们的关系主要体现在以下几个方面，如图 1.32 所示。

图 1.32　软件与硬件关系

1.硬件和软件无严格界线

随着计算机技术的发展，在许多情况下，计算机的某些功能既可以由硬件实现，也可以由软件来实现。因此，硬件与软件在一定意义上没有绝对严格的界线。

2.硬件和软件协同发展

计算机软件随着硬件技术的迅速发展而发展，而软件的不断发展与完善又促进硬件的更新，两者密切地交织发展，缺一不可。

五、练习

练习1 编译器的功能是（　　　）。

A.将源程序重新组合

B.将一种语言（通常是高级语言）翻译成另一种语言（通常是低级语言）

C.将低级语言翻译成高级语言

D.将一种编程语言翻译成自然语言

练习2 不属于操作系统的是（　　　）。

A. Windows   B. Linux   C. Photoshop   D. DOS

练习3 操作系统的功能是（　　　）。

A.负责外设与主机之间的信息交换

B.控制和管理计算机系统的各种硬件和软件资源的使用

C.负责诊断机器的故障

D.将源程序编译成目标程序

【知识加油站】

常用的电脑小技巧之一

1. 快速锁屏（图 1.33）

有时候要离开电脑去做其他的事情，又不想别人偷看自己的电脑，不妨按住【Windows】键后，再按【L】键，这样电脑就直接锁屏了，就不用担心电脑的资料外泄啦！

图 1.33　快速锁屏

2. 快速打开"我的电脑"（图 1.34）

想要打开"我的电脑"找文件，但是桌面图标太多找不到"我的电脑"图标，这时可以轻轻按下键盘上的【Windows】键不放然后再按【E】键，直接打开电脑的资源管理器。

图 1.34　快速打开"我的电脑"

3. 打开虚拟键盘（图 1.35）

按【Windows+R】并输入 osk，会出现虚拟键盘！虚拟键盘可直接用鼠标点击操作，在实体键盘上操作时，虚拟键盘会与实体键盘同步。

图 1.35　打开的虚拟键盘

第三节　计算机语言

一、计算机语言

计算机解决问题的过程是什么样的呢？比如说，我们要编写一个计算器需要哪些步骤呢？计算机解决问题时大致可以分为以下几个过程，如图 1.36 所示。

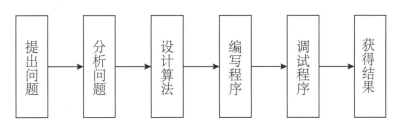

图 1.36　计算机解决问题的过程

（1）提出问题：怎么来设计这个计算器？

（2）分析问题：需要提供哪些运算符号，计算的精度是多少等。

（3）设计算法：使用加减乘除这四个符号，设计实现加减乘除的各自功能的算法，然后考虑优先级以及结果值的保存等问题。

（4）编写程序：根据设计算法编写程序。

（5）调试程序：寻找和解决程序的 bug。

（6）获得结果：通过编程实现了一个简单计算器。

计算机能够成为人们得力的助手，离不开多种多样的程序。程序是一组计算机能识别和执行的指令，其运行于电子计算机上，用于满足人们某种需求。

由上可知，计算机由程序控制解决问题，而程序是我们人写的，目前计算机还是离不开人类。而程序要由语言来表达，所以了解有哪些计算机语言是很重要的。因此，接下来讨论计算机语言。

计算机语言（Computer Language）是用于人与计算机之间通信的语言，是人与计算机之间传递信息的媒介。计算机系统的最大特征是将指令通过一种语言传达给机器。为了使电子计算机进行各种工作，就需要有一套用以编写计算机程序的数字、字符和语法规则，由这些字符和语法规则组成计算机各种指令（或各种语句），类似于人类交流的语言。计算机语言的种类非常多，总的来说可以分成机器语言、汇编语言、高级语言三大类，如图 1.37 所示。

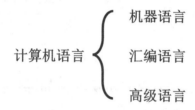

计算机语言 { 机器语言 汇编语言 高级语言 }

图 1.37　计算机语言种类

二、高冷的机器语言

机器语言是机器不经翻译即可直接识别的程序语言或指令代码，如图 1.38 所示。机器语言无须经过翻译，每一操作码在计算机内部都有相应的电路来完成它。

0011 0101 1010 0111

图 1.38　机器语言

电子计算机所使用的是由"0"和"1"组成的二进制数，也就是说计算机内部只能识别由"0"和"1"组成的程序。计算机发明之初，人们只能用计算机的语言去命令计算机干这干那，需要输入的指令非常繁琐。简而言之，就是写出一串串由"0"和"1"组成的指令序列交由计算机执行，如图 1.39 所示。这种计算机能够认识的语言，就是机器语言。

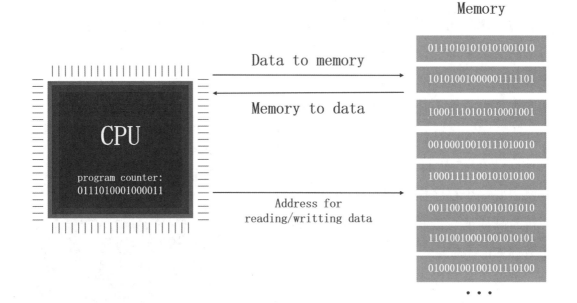

图 1.39 计算机执行机器语言

机器语言的执行速度快，但是由于它偏向计算机底层，因此也存在很多缺点：

（1）大量繁杂琐碎的细节牵制着程序员，使他们不可能有更多的时间和精力去从事创造性的劳动，执行对他们来说更为重要的任务，如确保程序的正确性、高效性等。

（2）程序员既要驾驭程序设计的全局，又要深入每一个局部，直至需要实现的细节，即使智力超群的程序员也常常会顾此失彼，屡出差错，因而所编写的程序可靠性差，且开发周期长。

（3）由于用机器语言进行程序设计的思维和表达方式与人们的习惯大相径庭，因而只有经过较长时间职业训练的程序员才能胜任，使得程序设计曲高和寡。

（4）因为机器语言的书面形式全是"密"码，所以可读性差，不便于交流与合作。

三、充当中间桥梁的汇编语言

为了减轻使用机器语言编程的痛苦，人们进行了一种有益的改进：用一些简洁的英文字母、符号串来替代一个特定的指令的二进制串，比如用"ADD"代表加法，"MOV"代表数据传递等（图1.40）。这样一来，人们很容易读懂并理解程序在干什么，纠错及维护都变得方便了，这种程序设计语言就称为汇编语言，即第二代计算机语言。然而计算机是不认识这些符号的，这就需要一个程序作为中间桥梁，专门负责将这些符号翻译成二进制数的机器语言，这种翻译程序被称为汇编程序。

汇编语言同样十分依赖机器硬件，其移植性不好，但效率仍很高，针对计算机特定硬件而编制的汇编语言程序能准确发挥计算机硬件的功能和特长，程序精炼而质量高，所以至今仍是一种常用且强有力的软件开发工具。

```
计算a+b

_add_a_and_b:
    push    %ebx
    mov     %eax,   [%esp+8]
    mov     %ebx,   [%esp+12]
    add     %eax,   %ebx
    pop     %ebx
    ret

_main:
    push    3
    push    2
    call    _add_a_and_b
    add     %esp,   8
    ret
```

图1.40　汇编语言

四、接地气的高级语言

高级语言是绝大多数编程者的选择。与汇编语言相比，它不仅将许多相关的机器指令合成为单条指令，而且去掉了与具体操作有关但与完成工作无关的细节，例如使用堆栈、寄存器等，这样就大大简化了程序中的指令。由于省略了很多细节，所以编程者在使用高级语言时也不需要具备太多的专业知识。

高级语言主要是相对于汇编语言而言，它并不是特指某一种具体的语言，而是包括了很多编程语言，流行的VB、VC、FoxPro、Delphi、C、C++、Python、Pascal等都属于高级语言，如图1.41所示。这些语言的语法、命令格式都各不相同。需要特别指出的是，Python属于解释型语言，程序不需要编译，只有在运行时才翻译成机器语言，每执行一次都要翻译一次。

```
#include <stdio.h>
int main()
{
    int a = 1;
    int b = 2;
    printf("%d",a+b);
    return 0;
}
```

关键字

屏蔽了机器的细节

有含义的数据命名和算式

抽象层次较高

图 1.41　高级语言

特别要提到的是：在 C 语言诞生以前，系统软件主要是用汇编语言编写的。由于汇编语言程序依赖计算机硬件，其可读性和可移植性都很差；但一般的高级语言又难以实现对计算机硬件的直接操作（这正是汇编语言的优势），于是人们盼望有一种兼有汇编语言和高级语言特性的新语言——C 语言。

高级语言的发展也经历了从早期语言到结构化程序设计语言、从面向过程到非过程化程序语言的过程。相应地，软件的开发也由最初的个体手工作坊式的封闭式生产，发展为产业化、流水线式的工业化生产。

高级语言的下一个发展目标是面向应用，也就是说，只需要告诉程序你要干什么，程序就能自动生成算法并进行处理，这就是非过程化的程序语言。

五、练习

练习 1　下列属于解释执行的程序设计语言是（　　　）。

A. C　　　　　　　　B. C++　　　　　　　C. Pascal　　　　　　　D. Python

练习 2　以下哪个是面向对象的高级语言（　　　）。

A. 汇编语言　　　　　B. C++　　　　　　　C. Fortran　　　　　　D. Python

【知识加油站】

如何快速提高打字速度

1. 准确是第一前提

打字是一种技能，但并不是所有的人都可以达到飞速击键的状态，一个打字高手也不可能在历次比赛中都发挥得同样出色。对于大部分人来说，速度达到每分钟200击的目标不是高不可攀，但是将容错率控制在一定程度就变得困难起来。所以要强调，提高速度应建立在准确的基础上，急于求成会导致欲速则不达。

2. 提高击键的频率

在训练中我们常纠正每个人的击键方法，反复强调要弹击不要按键。物理课讲过"弹性碰撞"，去得快回来也快，我们提倡瞬间发力就是这个道理，手指对键的冲击力要合适，速度也要快。而按键只是手指在机械地用力，既没足够的后劲又没有弹性。正确的击键动作从分指法阶段就应养成，在练习过程中我们常选择长度相同的单字，并做适当的配乐练习，目的是感受打字内在节奏，以击键动作效仿弹琴并创造一种氛围。

提高打字速度比较好的办法是将一篇打字稿反复打，比如100个常用单词，第一遍5分钟打完，再练几遍可能3分钟就打完，几天以后再练习时发现不到 2 分钟就打完了，这就是技能训练的特点。提高击键频率要训练眼、脑、手之间信号传递的速度，它们之间的时间差越小越好，眼睛看到了一个字母马上传给大脑然后到手，这时眼睛仍要不停顿地向后面的字母飞快扫描。

3. 训练加强紧迫感

中国人在电脑上工作最离不开的还是中文，而任何一种键盘输入法都与指法息息相关。指法训练有一定的速度要求，对素质教育也是一大推动。打字需要艰苦训练克服惰性，速度与质量的要求对每个人都是一种挑战，在打字过程中要专心，也要有紧迫感，既要稳重，也要有竞争意识。训练紧迫感的一个好方法是参加打字比赛，有些英文软件可以模拟比赛的环境提供给使用者训练，一些中文网站也可提供在线打字速度比赛，如搜狗拼音输入法打字大赛。

4. 利用更好的软件

好的输入法软件有两个要点：智能化、人性化。比如"搜狗"输入法，它可以自动统计使用者的输入速度，自动记录用户词库、词频，随意更改输入者习惯的输入方式和显示方式。这些人性化并有教学性的设计，特别是"细胞词库"的概念，可以让使用者轻松实现一秒钟打 50 个字的梦想（特定内容，如诗词）。拥有了顺手、高效的输入软件后，可以更快地提高学习速度，更少地遇到功能性障碍。

第四节　信息的存储与表示

通过前面的学习了解了计算机的硬件、软件、编程等知识，也知道数据放在存储器中，那计算机是如何进行数据存储的呢？

回答这个问题之前我们需要理解什么是数据，像数字、字母、图片、文档文件、视频都是数据（图 1.42），可以说，只要计算机能够接受的信息都可叫数据。但是数据类型千差万别，各种信息都必须通过数字化编码后才能进行存储和处理。虽然听起来复杂，但是人们想到了一种很简单的方式，只要用 0 和 1 就可以了，那就是二进制。

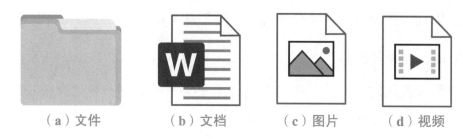

（a）文件　　　　（b）文档　　　　（c）图片　　　　（d）视频

图 1.42　数据形式

一、什么是二进制

1. 二进制

说到二进制这种独特的计数方式，我们有必要认识一下二进制的发现者，德国百科全书式的天才莱布尼茨。没有听说过他的，一定听说过他说的一句非常著名的话，那就是"世界上没有两片相同的树叶"。二进制是他在 1679 年研究出来的，是他的第一个数学发现，即所有的自然数都可以用 0 和 1 表示。相传，莱布尼茨从一位友人送给他的中国"易图"（八卦）里受到启发，最终悟出了二进制数真谛。

到底什么是二进制数呢？举个例子，十进制数 42，用二进制表示就是 101010，这就是二进制计数方式。从 1679 年二进制出现到 1946 年计算机出现的几百年间，二进制为什么一直无人问津呢？主要原因应该与二进制计数又长又复杂有关。

那计算机为什么要使用这种数位长，计数复杂的二进制进行表达呢？

计算机采用二进制应该是一种必然的巧合，只有 1 和 0 两个数字的计数方式正好与电子元器件的开和关不谋而合（图 1.43）。单条线路的开关状态称为比特，也就是计算机存储信息的最小单位，用的线越多，能存储的数字就越大；用 32 条线，就能存储 0 ~ 40 亿的数字。

由于技术原因，计算机内部一律采用二进制，而人们在编程中经常使用十进制，有时为了方便还采用八进制和十六进制。理解不同计数制及其相互转换是非常重要的。

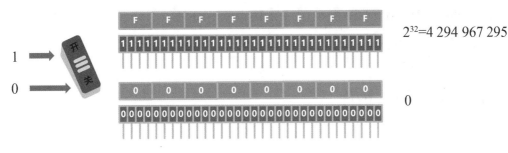

图 1.43　电子元器件的开和关

2. 二进制计数原理

首先来分析十进制，十进制是我们通常使用的数制，包含 0、1、2、3、4、5、6、7、8、9，共十个符号，用若干数位的组合去表示一个数，即逢"十"进位一。依此类推，二进制包含 0、1，共两个符号，二进制即为逢二进一。

在计算机的数制中，要掌握三个概念，即数码、基数和位权。下面简单地介绍这三个概念。

①数码：一个数制中表示基本数值大小的不同数字符号。

例如，十进制有十个数码：0、1、2、3、4、5、6、7、8、9。

②基数：一个数值所使用数码的个数。例如，十进制的基数为 10，二进制的基数为 2。

③位权：一个数值中某一位上的 1 所表示数值的大小。例如，十进制的123，其中 1 的位权是 $10^2=100$，2 的位权是 $10^1=10$，3 的位权是 $10^0=1$。

（1）十进制（Decimal Notation）。

十进制的特点如下：

①有十个数码：0、1、2、3、4、5、6、7、8、9。

②基数：10。

③逢十进一（加法运算），借一当十（减法运算）。

④按权展开式。对于任意一个 n 位整数和 m 位小数的十进制数 D，均可按权展开为

$$D=D_{n-1} \cdot 10^{n-1}+D_{n-2} \cdot 10^{n-2}+\cdots+D_1 \cdot 10^1+D_0 \cdot 10^0+D_{-1} \cdot 10^{-1}+\cdots+D_{-m} \cdot 10^{-m}$$

例：将十进制数 456.24 写成按权展开式为

$456.24 = 4 \times 10^2 + 5 \times 10^1 + 6 \times 10^0 + 2 \times 10^{-1} + 4 \times 10^{-2}$

（2）二进制（Binary notation）。

二进制有如下特点：

（1）有两个数码：0、1。

（2）基数：2。

（3）逢二进一（加法运算），借一当二（减法运算）。

（4）按权展开式。对于任意一个 n 位整数和 m 位小数的二进制数 D，均可按权展开为

$$D = B_{n-1} \cdot 2^{n-1} + B_{n-2} \cdot 2^{n-2} + \cdots + B_1 \cdot 2^1 + B_0 \cdot 2^0 + B_{-1} \cdot 2^{-1} + \cdots + B_{-m} \cdot 2^{-m}$$

例：把（11001.101）$_2$ 写成展开式，它表示的十进制数为

$1 \times 2^4 + 1 \times 2^3 + 0 \times 2^2 + 0 \times 2^1 + 1 \times 2^0 + 1 \times 2^{-1} + 0 \times 2^{-2} + 1 \times 2^{-3} = （25.625）_{10}$

十进制，即为逢十进一，依此类推：二进制即为逢二进一，八进制即为逢八进1，十六进制即为逢十六进1。详情见表1.3。

表 1.3　二进制、八进制和十六进制

	十进制	二进制	八进制	十六进制
基数	10	2	8	16
位权	10^1	2^1	8^1	16^1
数字符号	0~9	0、1	0~7	0~9、A~F

二、进制转换

学习了进位计数制后，二进制、八进制、十六进制如何转换为十进制呢？进制之间的相互转换有什么特点呢？

二进制数与其他数之间的对应关系见表1.4。

表 1.4　二进制数与其他数之间的对应关系

十进制	二进制	八进制	十六进制	十进制	二进制	八进制	十六进制
0	0	0	0	8	1000	10	8
1	1	1	1	9	1001	11	9

续表 1.4

十进制	二进制	八进制	十六进制	十进制	二进制	八进制	十六进制
2	10	2	2	10	1010	12	A
3	11	3	3	11	1011	13	B
4	100	4	4	12	1100	14	C
5	101	5	5	13	1101	15	D
6	110	6	6	14	1110	16	E
7	111	7	7	15	1111	17	F

1. 二进制、八进制、十六进制转换为十进制

二进制、八进制、十六进制转换为十进制时按权展开即可。

例如：将（3A.C）$_{16}$ 转换为十进制。

解：（3A.C）$_{16}$=（$3 \times 16^1 + 10 \times 16^0 + 12 \times 16^{-1}$）10=（48+10+0.75）$_{10}$

　　　　　=（58.75）$_{10}$

2. 十进制转换为二进制、八进制、十六进制

十进制转换为二进制、八进制、十六进制时，整数部分与小数部分需要分别转换。整数部分转换：除基取余，从下到上，直到商为 0；小数部分转换：乘基取整，上左下右，直到小数部分为 0 或保持所需精度。

例 1.1　将 135D 转换为八进制和二进制数

十进制转换为八进制

		除以8	余数	
8 ⌐135		135÷8=16	7	低位/上
	8 ⌐16	16÷8=2	0	↑
	8 ⌐2	2÷8=0	2	高位/下

十进制转换为二进制

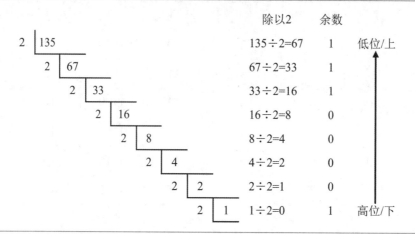

	除以2	余数	
	$135 \div 2 = 67$	1	低位/上
	$67 \div 2 = 33$	1	
	$33 \div 2 = 16$	1	
	$16 \div 2 = 8$	0	
	$8 \div 2 = 4$	0	
	$4 \div 2 = 2$	0	
	$2 \div 2 = 1$	0	
	$1 \div 2 = 0$	1	高位/下

得：$(135)_{10} = (207)_8 = (10000111)_2$

例 1.2 将十进制小数 0.687 5 转换为二进制

	乘2	取整	
	$0.6875 \times 2 = 1.375$	1	高位/上
	$0.375 \times 2 = 0.750$	0	
	$0.75 \times 2 = 1.500$	1	
	$0.5 \times 2 = 1.000$	1	低位/下

小数已经为 0 不可以再乘，得：$(0.687\,5)_{10} = (0.1011)_2$

三、练习

练习 1 请选出以下最大的数（　　　）。

A.$(550)_{10}$　　　B.$(777)_8$　　　C.2^{10}　　　　　D.$(22F)_{16}$

练习 2 在计算机内部用来传送、存储、加工处理的数据或指令都是以（　　　）形式进行的。

A. 二进制码　　　B. 八进制码　　　C. 十六进制码　　　D. 智能拼音编码

练习3 二进制数 11101110010111 和 0101101101011 进行逻辑或运算的结果是（　　）。

A. 11111111011111　　　　　　B. 11111111111101

C. 10111111111111　　　　　　D. 11111111111111

【知识加油站】

计算机冷门小知识之一

1. 第一台计算机由蒸汽驱动（图1.44）

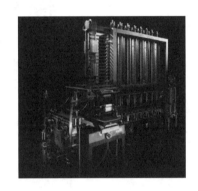

图1.44　一台计算机由蒸汽驱动

作为公认的编程之父，Charles Babbage 发明了世界上首批计算机之一。他将这台新设备称为分析引擎，其体积超过一栋房屋，并由六台蒸汽机驱动，使用打孔卡进行编程。

分析引擎有四大主要组成部分：

① 转盘——相当于现代计算机中的 CPU；

② 存储——相当于现代计算机中的内存与外存储器；

③ 读取器——相当于输入机制；

④ 打印机——用于实现信息输出。

2. 程序中"bug"的名称源自"虫子"（图1.45）

图1.45　程序中 bug 的名称源自"虫子"

在程序中"bug"一词用于指技术错误。这一术语最初是由爱迪生在1878年提出的，但当时并没有流行起来。在几年之后，Grace Hopper 在她的日志本中，写下了她在 Mark II 计算机上发现的一项"bug"。不过实际上，她说的真的是"虫子"问题，因为一只蛾子被困在电脑的继电器中，导致电脑的操作无法正常运行。如图片所见，她写道"这是我在计算机上发现的第一个bug"。

3. 丰富多彩的计算机编程世界（图1.46）

如果将计算机编程世界看作一个国家，那么其中涉及的语言必然五花八门。目前已知的编程语言共有698种，远远超过任何以语言多样性著称的国家。

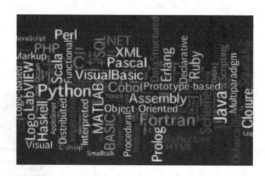

图1.46　丰富多彩的计算机编程世界

第五节　数据在计算机中的编码表示

一、如何衡量数据所占容量

想要知道一个物品的质量时，可以用天平测量（图1.47），可以用克、千克、吨等单位去表达。数据所占的容量如何去衡量？显然不能用天平。通过前面的学习我们已经知道，所有的信息都必须经过编码，变为只含有"0"和"1"的二进制数才能成为数据存储在计算机内部。数据的存储方式是由存储介质决定的，因此，数据存储也会有换算单位，计算机数据的表示经常用到以下几个概念。

图1.47　天平测量物品质量

1. 位

二进制数据中的一个位（bit）简写为 b，音译为比特，是计算机存储数据的最小单位。一个二进制位只能表示 0 或 1 两种状态，要表示更多的信息，就要把多个位组合成一个整体，一般以 8 位二进制数组成一个基本单位。

2. 字节

字节是计算机处理数据的最基本单位，并主要以字节为单位解释信息。字节（Byte）简记为 B，规定一个字节为 8 位，即 1 B=8 bit。每个字节由 8 个二进制位组成。一般情况下，一个 ASCII 码（American Standard Code for Information Interchange，美国信息交换标准代码）占一个字节，一个汉字国际码（汉字信息交换码）占两个字节。

3. 字

一个字通常由一个或若干个字节组成。字（Word）是计算机进行数据处理时，一次存取、加工和传送的数据长度。由于字长是计算机一次所能处理信息的实际位数，所以，它决定了计算机数据处理的速度，是衡量计算机性能的一个重要指标，字长越长，性能越好。

4. 数据的换算关系

数据的换算关系如下：

1 Byte=8 bit，1 KB=1 024 B，1 MB=1 024 KB，1 GB=1 024 MB，1 TB=1 024 GB。

计算机型号不同，其字长是不同的，常用的字长有 8、16、32 位和 64 位。一般情况下，IBM PC/XT 的字长为 8 位，80286 微机字长为 16 位，80386/80486 微机字长为 32 位，Pentium 系列微机字长为 64 位。

例如，一台微机的内存为 256 MB，软盘容量为 1.44 MB，硬盘容量为 80 GB，则它实际的存储字节数分别为

内存容量 =256×1 024×1 024 B=268 435 456 B

软盘容量 =1.44×1 024×1 024 B=1 509 949.44 B

硬盘容量 =80×1 024×1 024×1 024 B=85 899 345 920 B

二、字符在计算机中的表示

在计算机中，对非数值的文字和其他符号进行处理时，要对文字和符号进行数字化，即用二进制编码来表示文字和符号。其中西文字符最常用到的编码方案是 ASCII 编码。对于汉字，我国也制定了相应的编码方案，用二进制编码来表示汉字。

1. ASCII 编码

微机和小型计算机中普遍采用 ASCII 码表示字符数据，如图 1.48 所示。该编码被 ISO（国际化标准组织）采纳，作为国际上通用的信息交换代码。ASCII 码由 7 位二进制数组成，由于 $2^7=128$，所以一共能够表示 128 个字符数据。

参照 ASCII 表，我们可以看出 ASCII 码具有以下特点：

（1）表中前 32 个字符和最后一个字符为控制字符，在通信中起控制作用。

（2）10 个数字字符和 26 个英文字母由小到大排列，且数字在前，大写字母次之，小写字母在最后。这一特点可用于字符数据的大小比较。

（3）数字 0~9 由小到大排列，对应的 ASCII 码分别为 48~57，ASCII 码与数值相差 48。

（4）在英文字母中，A 的 ASCII 码值为 65，a 的 ASCII 码值为 97，且由小到大依次排列。因此，只要我们知道了 A 和 a 的 ASCII 码，也就知道了其他字母的 ASCII 码。

ASCII 码是 7 位编码，为了便于处理，在 ASCII 码的最高位前增加 1 位 0，凑成 8 位的一个字节。所以，一个字节可存储一个 ASCII 码，也就是说一个字节可以存储一个字符。ASCII 码是使用最广的字符编码，数据使用 ASCII 码的文件称为 ASCII 文件。

低4位 \ 高4位		ASCII 控制字符				ASCII 打印字符										
		0000		0001		0010		0011		0100		0101		0110		0111
		0		1		2		3		4		5		6		7
		十进制	代码	十进制	代码	十进制	字符	十进制	字符	十进制	字符	十进制	字符	十进制	字符	十进制	字符
0000	0	0	NUL	16	DLE	32		48	0	64	@	80	P	96	`	112	p
0001	1	1	SOH	17	DC1	33	!	49	1	65	A	81	Q	97	a	113	q
0010	2	2	STX	18	DC2	34	"	50	2	66	B	82	R	98	b	114	r
0011	3	3	ETX	19	DC3	35	#	51	3	67	C	83	S	99	c	115	s
0100	4	4	EOT	20	DC4	36	$	52	4	68	D	84	T	100	d	116	t
0101	5	5	ENQ	21	NAK	37	%	53	5	69	E	85	U	101	e	117	u
0110	6	6	ACK	22	SYN	38	&	54	6	70	F	86	V	102	f	118	v
0111	7	7	BEL	23	ETB	39	'	55	7	71	G	87	W	103	g	119	w
1000	8	8	BS	24	CAN	40	(	56	8	72	H	88	X	104	h	120	x
1001	9	9	HT	25	EM	41	)	57	9	73	I	89	Y	105	i	121	y
1010	A	10	LF	26	SUB	42	*	58	:	74	J	90	Z	106	j	122	z
1011	B	11	VT	27	ESC	43	+	59	;	75	K	91	[	107	k	123	{
1100	C	12	FF	28	FS	44	,	60	<	76	L	92	\	108	l	124	|
1101	D	13	CR	29	GS	45	-	61	=	77	M	93	]	109	m	125	}
1110	E	14	SO	30	RS	46	.	62	>	78	N	94	^	110	n	126	~
1111	F	15	SI	31	US	47	/	63	?	79	O	95	_	111	o	127	DEL

图 1.48　ASCII 表

2. 汉字是如何编码存储的

计算机中的汉字也是用二进制编码表示的，同样是人为编码的。根据应用目的的不同，汉字编码也不同。

（1）汉字信息交换码（国标码）。

汉字信息交换码是指不同的具有汉字处理功能的计算机系统之间在交换汉字信息时所使用的代码标准。

国家标准《信息交换用汉字编码字符集 基本集》（GB 2312—80）提出了中华人民共和国国家标准信息交换用汉字编码，简称国标码。国标码有时又称区位码。

GB 2312—80 标准包括了 6 763 个汉字，按其使用额度分为一级汉字 3 755 个和二级汉字 3 008 个。

一级汉字按拼音排序，二级汉字按部首排序。此外，该标准还包括标点符号、数种西文字母、图形、数码等符号共 682 个。

区位码的区码和位码均采用从 01 到 94 的十进制，国标码采用十六进制的 21H 到 7EH（数字后加 H 表示其为十六进制数）。

区位码和国标码的换算关系是：区码和位码分别加上十进制数 32。如"国"字在表中的 25 行 90 列，其区位码为 2590，国标码是 397AH。

（2）汉字字型码。

字型码是汉字的输出码，输出汉字时都采用图形方式，无论汉字的笔画多少，每个汉字都可以写在同样大小的方块中，如图 1.49 所示。

中文字模　　　　　　　　　位代码　　　　　　　　字模信息

```
0 0 0 0 0 0 0 1 0 0 0 0 0 0 0 0    0x01, 0x00,
0 0 0 0 0 0 0 1 0 0 0 0 0 0 0 0    0x01, 0x00,
0 0 0 0 0 0 0 1 0 0 0 0 0 0 0 0    0x01, 0x00,
0 0 0 0 0 0 0 1 0 0 0 0 0 0 0 0    0x01, 0x00,
0 0 1 1 1 1 1 1 1 1 1 1 1 0 0 0    0x3f, 0xf8,
0 0 1 0 0 0 0 1 0 0 0 0 1 0 0 0    0x21, 0x08,
0 0 1 0 0 0 0 1 0 0 0 0 1 0 0 0    0x21, 0x08,
0 0 1 0 0 0 0 1 0 0 0 0 1 0 0 0    0x21, 0x08,
0 0 1 0 0 0 0 1 0 0 0 0 1 0 0 0    0x21, 0x08,
0 0 1 0 0 0 0 1 0 0 0 0 1 0 0 0    0x21, 0x08,
0 0 1 1 1 1 1 1 1 1 1 1 1 0 0 0    0x3f, 0xf8,
0 0 1 0 0 0 0 1 0 0 0 0 1 0 0 0    0x21, 0x08,
0 0 0 0 0 0 0 1 0 0 0 0 0 0 0 0    0x01, 0x00,
0 0 0 0 0 0 0 1 0 0 0 0 0 0 0 0    0x01, 0x00,
0 0 0 0 0 0 0 1 0 0 0 0 0 0 0 0    0x01, 0x00,
0 0 0 0 0 0 0 1 0 0 0 0 0 0 0 0    0x01, 0x00
```

图 1.49　汉字字型码

汉字字型码通常有两种表示方式：点阵和矢量（轮廓）表示方法。汉字字型通常分为通用型和精密型。

用点阵表示字型时，汉字字型码指的是这个汉字字型点阵的代码。根据输出汉字的要求不同，点阵的多少也不同。简易型汉字为 16×16 点阵，提高型汉字为 24×24 点阵、32×32 点阵、48×48 点阵等。点阵规模越大，字型越清晰美观，所占存储空间也越大。注：字型码所占字节数 = 点阵行数 × 点阵列数 /8。

三、练习

练习 1　ASCII 码表总共有字符 128 个，则存放 8 个 ASCII 码需要的内存空间是（　　　）。

A. 7 字节　　　　　　B. 8 字节　　　　　　C. 7 位　　　　　　D. 8 位

练习 2　现有一段 8 分钟的视频文件，它的播放速度是每秒 24 帧图像，每帧图像是一幅分辨率为 2 048×1 024 像素的 32 位真彩色图像。要存储这段原始无压缩视频，需要的存储空间大小为（　　　）。

A. 30 G　　　　　　B. 90 G　　　　　　C. 150 G　　　　　　D. 450 G

【知识加油站】

常用的计算机小技巧之二：一些特殊符号的打法

使用计算机的时候，有时候会用到一些比较特殊的字符，但是键盘上似乎并没有这些特殊字符，那怎么办呢？其实有个很简单的方法：按住【Alt】键，在小键盘上敲以下的数字，然后松开就出来了。

【Alt+34148】= 卍	【Alt+34149】= 卐	【Alt+43144】= ▨	【Alt+43151】= ◤
【Alt+41460】= ◆	【Alt+43127】= ╳	【Alt+43134】= ◣	【Alt+41457】= ●
【Alt+43147】= ▼	【Alt+43153】= ⊙	【Alt+43154】= ⊕	【Alt+43414】= ○
【Alt+43088】= ≈	【Alt+43120】= ╪	【Alt+41458】= ◎	【Alt+43125】= ／

第六节　C++ 语言概述

一、什么是 C++

C++ 中的 ++ 来自 C 语言的递增运算符 ++，该运算符将变量 +1。C++ 是对 C 的扩展，因此 C++ 是 C 语言的超集。这意味着任何有效的 C 程序都是有效的 C++ 程序，C++ 程序可以使用已有的 C 程序库。

C++ 在 C 语言的基础上增加了面向对象编程和泛型编程的支持，C++ 继承了 C 语言高效、简洁、快速和可移植的传统，两者的关系见表 1.5。

表 1.5　C++ 和 C 语言的关系

C++ 和 C 语言的关系
C++ 是 C 语言的加强，是一种更好的 C 语言
C++ 以 C 语言为基础，具有完全兼容 C 语言的特性

1979 年，C++ 程序开发者 Bjame Sgoustrup（本贾尼·斯特劳斯特卢普）到了 Bell 实验室，开始从事将 C 改良为带类的 C（C with classes）的工作。1983 年该语言被正式命名为 C++。自从 C++ 被发明以来（图 1.50），它经历了三次主要的修订，每一次修订都为 C++ 增加了新的特征并进行了一些修改。第一次修订是在 1985 年，第二次修订是在 1990 年，而第三次修订发生在 C++ 的标准化过程中。

图 1.50　C++ 历史

在 20 世纪 90 年代早期，人们开始为 C++ 建立一个标准，并成立了一个 ANSI 和 ISO（International Standards Organization）国际标准化组织的联合标准化委员会。该委员会在 1994 年 1 月 25 日提出了第一个标准化草案。在这个草案中，委员会在保持 Stroustrup 最初定义的所有特征的同时，还增加了一些新的特征。

在完成 C++ 标准化的第一个草案后不久，发生了一件事情使得 C++ 标准被极大地扩展了：Alexander Stepanov 创建了标准模板库（Standard Template Library，STL）。STL 不仅功能强大，同时非常优雅，然而它也是非常庞大的。在通过了第一个草案之后，委员会投票并通过了将 STL 包含到 C++ 标准中的提议。STL 对 C++ 的扩展超出了 C++ 的最初定义范围。虽然在标准中增加 STL 是个很重要的决定，但也因此延缓了 C++ 标准化的进程。

二、C++ 语言特点

1. 语言特点

C++ 语言不仅兼容 C 语言，并且支持面向对象的方法，还支持泛型程序的设计方法，这些都是 C++ 语言的特点。C++ 语言的特点有三个，如图 1.51 所示。

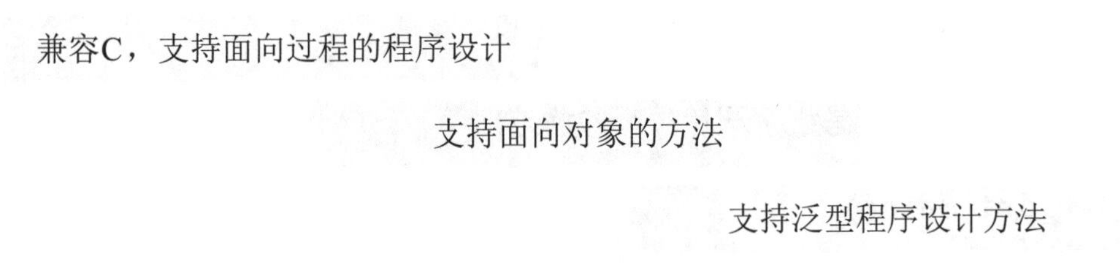

兼容C，支持面向过程的程序设计

支持面向对象的方法

支持泛型程序设计方法

图 1.51　C++ 语言的特点

2. 优缺点

C++ 是在 C 语言的基础上开发的一种面向对象的编程语言，应用非常广泛，常用于系统开发、引擎开发等应用领域，支持类、封装、继承、多态等特性。C++语言灵活，运算符的数据结构丰富，具有结构化控制语句，程序执行效率高，同时具有高级语言与汇编语言的优点。C++ 与其他语言相比有哪些优缺点呢？具体见表 1.6。

表 1.6　C++ 与 C 语言比较

优点	缺点
C++ 使用方便，更加注重编程思想； C++ 拓展了面向对象的内容：类、继承等； 　　C++ 在 C 的基础上增加了面向对象的机制，比 C 语言更加完善和实用	C++ 语法庞大复杂，C 语言语法更简单

三、初识 C++ 程序

标准的 C++ 程序由三个重要部分组成：

（1）核心语言。核心语言提供了所有构件块，包括变量、数据类型和常量等。

（2）C++ 标准库。C++ 标准库提供了大量的函数，用于操作文件、字符串等。

（3）标准模板库（STL）。标准模板库提供了大量的方法，用于操作数据结构等。

让我们看一段简单的代码（图 1.52），可以输出单词 Hello World。

```cpp
#include<iostream>
using namespace std;

//main() 是程序开始执行的地方

int main()
{
    cout<<"Hello World!"; //输出 Hello World!
    return 0;
}
```

图 1.52　实例

接下来我们讲解一下上面这段程序（图 1.53）：

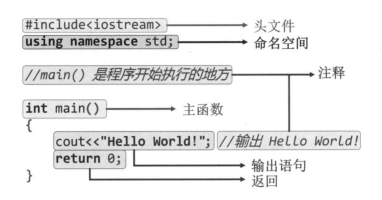

图 1.53 讲解程序

（1）C++ 语言定义了一些头文件，这些头文件包含了程序中必需的或有用的信息。include<iostream> 的意思是调用 iostream 头文件。用了这句话，我们就可以把这个文件包含进来，就可以使用这个文件里面的代码。

（2）下一行的 using namespace std; 意思是告诉编译器使用 std 命名空间。命名空间是 C++ 中一个相对新的概念。调用 C++ 语言提供的全局变量命名空间 namespace，可以避免全局命名冲突问题。

（3）下一行的"// main（）是程序开始执行的地方"是一个单行注释。单行注释以 // 开头，在行末结束。注释在程序中只是为了方便阅读理解，并不影响程序的运行。

（4）下一行 int main（）意思是主函数，程序从这里开始执行。

（5）下一行 cout << "Hello World!"; 中，cout 就是预定义好的输出流类的一个对象，专门负责输出对象，这行代码会在屏幕上显示消息"Hello World!"。

（6）下一行 return 0; 的作用是终止 main( ) 函数，并向调用进程返回值 0。

学习 C++，关键是要理解概念，而不应过于深究语言的技术细节。学习程序设计语言的目的是成为一个更好的程序员，也就是说，是为了能更有效率地设计和实现新系统，以及维护旧系统。C++ 支持多种编程风格，读者可以使用 Fortran、C、Smalltalk 等任意一种语言的编程风格来编写代码，每种风格都能有效地保证运行时间效率和空间效率。

四、C++ 中的分隔符

C++ 中常见的分隔符有："{}" "（）" "," ";"。

（1）分号。

在 C++ 中，分号是语句结束符。也就是说，每个语句必须以分号结束，它表明了一个逻辑实体的结束。

例如，下面三个不同的语句：

x = y;

y = y + 1;　　　　　　　　等价于　　　　　　　　x = y;y = y + 1;add（x, y）;

add（x, y）;

C++ 不以行末作为结束符的标识，因此可以在一行上放置多个语句。

（2）逗号。

逗号运算符一般的作用就是把几个表达式放在一起（如下程序），整个逗号表达式的值为系列中最后一个表达式的值。逗号分隔的一系列运算将按顺序执行。

```
x=y,
y=y+1,
add(x,y);
```

（3）大括号。

大括号通常是把一组语句按照逻辑连接起来，然后组成一个语句块。在数组中也会使用花括号。

```
{
    cout <<"Hello World!";
    return 0;
}
```

（4）小括号。

小括号也就是圆括号，它的用法常见的有用于 for、if 等循环选择语句，或者用于函数声明和调用，或者用于计算公式时决定计算的优先顺序，这时类似于数学中的括号用法。

```
① for(int i=0;i<n;i++)
② if(a>2)
③ c=a*(b+c)
```

五、C++ 标识符

只有 C++ 自身提供的关键字肯定是不够的，所以在程序中我们需要自己写标识符。C++ 标识符是用来标识变量、函数、类、模块或任何其他用户自定义项目的名称。一个标识符以字母 A ~ Z 或 a ~ z 或下划线 _ 开始，后跟零个或多个字母、下划线和数字（0 ~ 9）。

标识符有书写的规则。C++ 标识符内不允许出现标点字符，比如 @、& 和 %。C++ 是区分大小写的编程语言，因此在 C++ 中，Manpower 和 manpower 是两个不同的标识符。

下面列出几个有效的标识符：

```
mohd  zara  abc  move_name  a_123  myname50  _temp  j  a23b9
retVal
```

六、C++ 关键字

关键字又称保留字，即 C++ 预定义的单词，如：int、long、char 等，见表 1.7。

表 1.7 列出了 C++ 中的保留字。这些保留字都有自己的用处，不能作为常量名、变量名或其他标识符名称。

表 1.7　C++ 中的保留字

asm	else	new	this
auto	enum	operator	throw
bool	explicit	private	true
break	export	protected	try
case	extern	public	typedef
catch	false	register	typeid
char	float	reinterpret_cast	typename
class	for	return	union
const	friend	short	unsigned
const_cast	goto	signed	using
continue	if	sizeof	virtual

续表 1.7

default	inline	static	void
delete	int	static_cast	volatile
do	long	struct	wchar_t
double	mutable	switch	while
dynamic_cast	namespace	template	—

七、C++ 注释

程序的注释是解释性语句，在 C++ 代码中可以包含注释，这将提高源代码的可读性。所有的编程语言都允许某种形式的注释。

C++ 支持单行注释和多行注释，注释中的所有字符会被 C++ 编译器忽略。

C++ 注释一般有两种：// 和 /*…*/。下面以具体的例子来说明 C++ 程序中注释的用法。

（1）第一种方法，注释以 // 开始，直到行末为止。例如：

```cpp
#include <iostream>
using namespace std;
int main() {
    // 这是一个注释
    cout << "Hello World!";
    return 0;
}
```

也可以放在语句后面，例如：

```cpp
#include <iostream>
using namespace std;
int main()
{
    cout << "Hello World!"; // 输出 Hello World!
    return 0;
```

```
}
```

当上面的代码被编译时，编译器会忽略"// 这是一个注释"和"// 输出 Hello World!"，注释对运行结果不造成任何影响。

（2）第二种方法，C++ 的注释以 /* 开始，以 */ 终止。例如：

```
#include <iostream>
using namespace std;
int main() {
    /* 这是注释 */
    /* C++ 注释也可以
     * 跨行
     */
    cout << "Hello World!";
    return 0;
}
```

在 /* 和 */ 注释内部，// 字符没有特殊的含义，没有注释的作用。在 // 注释内，/* 和 */ 字符同样没有特殊的含义。因此，可以在一种注释内嵌套另一种注释。

例如：

```
/* 用于输出 Hello World 的注释
cout << "Hello World"; // 输出 Hello World
*/
```

【知识加油站】

常用的电脑小技巧之三

（1）步骤记录器（图1.54）。

按下【Windows+R】，再输入 psr.exe，按回车，就能打开 Windows 自带的步骤记录器功能，然后就可以开始记录了。

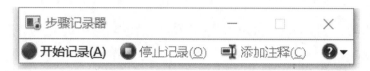

图1.54　步骤记录器

（2）切换页面（图1.55）。

对于多标签页功能的应用程序，采用【Ctrl+Tab】可以在几个页面之间相互切换。【Ctrl+Shift+Tab】是反向切换，而【Ctrl+W】可以关闭当前的页面。

图1.55　切换页面

（3）查看计算机的基本信息（图1.56）

按下【Windows】键不放，再按下【Fn】键，然后再按【Home】键，就可以打开系统属性，查看计算机的基本信息。

图 1.56　查看计算机的基本信息

第二章　顺序结构程序设计

第一节　第一个 C++ 程序——Hello World！

一、Hello，你好

初次学习 C++ 程序设计，让我们先和它打声招呼吧，在屏幕上输出"Hello World！"

如何用程序语言说出"Hello World！"这句话呢？

【分析】

在屏幕上输出"Hello World！"需要我们编写一个输出的指令 cout，它的作用是让控制台输出我们想要的结果。除了输出语句，还要编写 C++ 程序设计语言的程序框架。通过后面的学习，同学们就会对这些越来越熟悉了。

用程序来实现：

```cpp
#include <iostream>
using namespace std;
 int main()
```

```
{
    cout <<"Hello World!";
    return 0;
}
```

当上面的代码被编译和执行时，它会产生以下结果：

Hello World !

Process exited after 0.6606 seconds with return value 0
请按任意键继续 . . .

是不是很简单，那我们来看看程序是如何运行的？并且在编写这个程序时，我们要遵循什么样的规则呢？

二、程序和编译

人们按照一定规则创建出的程序称为源程序（Sourceprogram），用来保存源程序的文件称为源文件（Sourcefile）。

我们把用 C++ 的规则、由字符组成的程序（也就是源程序）的扩展名约定为 ".cpp"，全称是 "cplusplus"。例如，我们可以把例 2.1 中的程序文件名保存为 test0201.cpp。

通过一定规则创造的字符程序是不能直接运行的，需要转换为计算机能够理解的机器语言，也就是由 0 和 1 组成的序列。源程序通常需要进行如图 2.1 所示的翻译之后，才能将源程序转换成计算机能执行的程序。通常翻译后程序的扩展名为 ".exe"，也就是可执行程序（Executable Program，EXE File）。

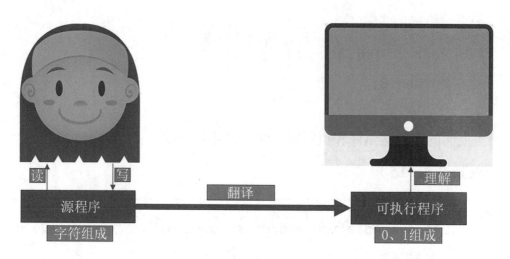

图 2.1　源程序翻译成可执行程序

三、编写第一个程序

准备好开发工具后，就可以开始编写我们的第一个程序了。

例 2.1　输出 Hello World！

【参考程序】

```cpp
#include <iostream>
using namespace std;
 int main()
{
    cout <<"Hello World!";
    return 0;
}
```

【程序说明】

#include<iostream>

include 是预处理命令，是一个"包含指令"，使用时以 # 开头；iostream 是输入输出流的标准头文件，因为这类文件都是放在程序单元的开头，所以称为头文件。

```
using namespace std;
```

这一语句是指明程序采用的命名空间的指令，表示使用命名空间 std（标准）中的内容。

程序各部分格式的说明如图 2.2 所示。

图 2.2　C++ 程序各部分格式说明

例 2.2　打印输出两行语句

【题目描述】

编写一个在屏幕上第一行打印出"Hello world！"，第二行打印"欢迎学习程序设计！"的程序。

【输入输出样例】

输入样例（无输入）	输出样例
	Hello world！ 欢迎学习程序设计！

【分析】

通过例 2.1，我们已经知道输出语句的格式为 cout<<，那么如果输出两行内容，是不是直接运用两次 cout<< 语句就可以了呢？

尝试编写程序：

```
#include <iostream>
using namespace std;
```

```
 int main()
{
cout <<"Hello World!";
cout<<" 欢迎学习程序设计！";
    return 0;
}
```

编译和执行以上程序，输出结果如下：

Hello World！欢迎学习程序设计！

我们可以发现，输出结果与题目要求的格式不一致，第二句语句没有实现换行输出。因此我们进一步修改程序：

【参考程序】

```
#include <iostream>
using namespace std;
 int main()
{
    cout <<"Hello World!";
    cout<< endl;
    cout<<" 欢迎学习程序设计！";
    return 0;
}
```

【运行结果】

Hello World！
欢迎学习程序设计！

【分析】

程序语句中增加了 cout << endl;，实现换行输出。

四、标准输出语句

在程序中运用的标准输出语句见表 2.1。对标准输出语句的学习，在第二章第五节还会进行详细介绍。

表 2.1　标准输出语句

标准输出指令	标准使用格式	指令功能
cout <<	cout	在控制台输出结果，如果想要原样输出想显示的内容，那么就需要将原样输出的内容用双引号引起来

比如，我们不想输出例 2.1 中的"Hello，world ！"，想要在屏幕上显示小明的名字，则可以将例 2.1 中的 cout <<"Hello World! "; 改为 cout <<" 小明，你好！ ";，然后点击编译（自动保存程序）、执行，电脑屏幕上就会显示"小明，你好！"。

五、练习

练习 1　输出算式

【题目描述】

编写一段程序，使屏幕输出：1+1=2。

【输入输出样例】

输入样例（无输入）	输出样例
	1+1=2

练习 2　输出一首古诗

【题目描述】

编写一段程序，使屏幕输出一首古诗，输出样例：

　　《绝句》

　　　杜甫

　两个黄鹂鸣翠柳，

　一行白鹭上青天。

　窗含西岭千秋雪，

　门泊东吴万里船。

【知识加油站】

笔记本电脑触摸板使用技巧

上一节知识加油站中我们了解了电脑键盘的一些快捷功能键，这一节我们来了解笔记本电脑触摸板有哪些使用频率高的、帮助我们提高效率的快捷功能吧！

（1）鼠标移动。

用单指触摸触摸板并移动相当于移动鼠标，轻敲触摸板相当于鼠标左键单击，轻敲两次相当于鼠标左键双击。

（2）鼠标拖动。

用单指轻敲触摸板二次，轻敲后单手指放在触摸板上不要放开，此时就相当于鼠标拖动操作，移动单手指即可拖动，直到手指离开触摸板就会停止拖动。

（3）鼠标滚动。

有两种方法，下面分别介绍。

①用手指在触摸板的底边左右移动、右边上下移动，相当于拖动滚动条（适用于不支持多点触摸的触摸板）；

②用两个手指在触摸板上左右移动、上下移动，相当于拖动滚动条（适用于支持多点触摸的触摸板）。

（4）鼠标缩放。

用食指和中指在触摸板上拉开距离，相当于放大；食指和中指在触摸板上合并，相当于缩小（适用于支持多点触摸的触摸板）。

（5）切换程序界面。

三指滑动，呈现全部打开程序的界面，并可以快速自由切换界面（适用于支持多点触摸的触摸板）。

第二节　变量——可变的笼子

一、可变的笼子

鸡兔同笼是我国古代的数学趣题之一。大约 1 500 年前，《孙子算经》中就记载了这个有趣的问题：“今有雉兔同笼，上有三十五头，下有九十四足，问雉兔各几何？”意思是：鸡兔同在一个笼子里，有 35 个头，有 94 只脚，请问笼中各有几只鸡和兔？

请你利用所学的数学知识想想这道题的解法。

【分析】

如果设想 35 只都是兔子，那么就有 4×35 只脚，比 94 只脚多了 $35 \times 4 - 94 = 46$（只）；每只鸡比兔子少（$4-2$）只脚，所以共有鸡（$35 \times 4 - 94$）÷（$4-2$）$=23$（只）。说明我们设想的 35 只“兔子”中，有 23 只不是兔子而是鸡。

因此可以列出公式：

$$鸡数 =（总头数 \times 4 - 总脚数）/2$$
$$兔子数 = 总头数 - 鸡的数量$$

上面的分析，我们可以用程序实现：

```cpp
#include <iostream>
using namespace std;
int main()
{
    int head=35;// 总头数
    int feet=94;// 总脚数
    int chickens=(4 *head-feet)/ 2; // 鸡数
    int rabbits= m -chickens; // 兔子数
    cout <<"chickens = "<<chickens<< endl;
    cout <<"rabbits = "<<rabbits<< endl;
    return 0;
}
```

当上面的代码被编译和执行时，将产生以下结果：

```
chickens =23
rabbits =12
```

【想想看】

程序中我们怎样记录和保存鸡数、兔子数、总头数和总脚数？后续的课程中，我们还会看到有些数在程序运行中会多次变化，我们怎样存储这些数值呢？

【新知讲解】

在程序运行期间，改变的量称为变量，如上述程序中 head、feet、chickens、rabbits 均属于变量。通俗地说，变量就类似于一个笼子，我们可以往笼子里面放不同数量的东西。在设计程序的时候，我们把要存储的数据放在一个叫变量（Variable）的东西里，它就好像是一个笼子，而数据就是笼子里的物品（图 2.3），变量需要遵循一定的规则。

官方定义
　　计算机语言中能存储数值和其他信息的存储单位

变量名称
　　在定义好变量类型后，每个变量还有自己的名字，即该笼子的名字
　　笼子的名字只能由英文字母和数字组成

变量类型
　　使用变量前必须定义好变量的类型，如整数型、字符型、布尔型等
　　每种笼子里只能放符合该类型的东西

注意事项
　　一个变量里只能放一个单位信息，即一个笼子里面只能放一个物品

图 2.3　变量

二、变量使用前需要声明

在我们"放东西"和"取东西"之前必须要先创建一个"笼子"，这条创建变量的语句称为变量的声明（Declaration），即指定变量的类型和名称。变量类型也就是规定变量里能放什么类型的数据，比如整数、小数等。

变量声明的格式如下：

```
变量类型 变量名；
```

例如：

```
int chickens;
```

该代码的含义是声明了一个类型为 int 整型、名字为 chickens 变量。可以理解成准备了一个名为 chickens 的"笼子"，如图 2.4 所示，笼子可以存放东西的类型是 int(integer 整数）。

声明变量就是指定变量的名称和类型，未经声明的变量本身是不合法的。声明一个变量由一个类型和跟在后面的一个或多个变量组成，多个变量间用逗号隔开，声明变量以分号结束。声明多个相同类型变量的方法如下：

图 2.4　名为 **chickens** 的"笼子"

```
int chickens, rabbits;
```

此条代码的意思是声明了两个 int 类型且名字分别为 chickens 和 rabbits 的变量（图 2.5），即声明了两个类型相同但名字不同的变量。变量声明后，才能在后续的程序中使用。

图 2.5　声明多个相同类型的变量

三、变量取名需要符合命名规则

变量名是一种标识符，应该符合标识符的命名规则。变量名区分大小写，其命名规则见表 2.2。

表 2.2　变量命名规则

变量命名规则
变量名只能由数字、字母和下划线组成
变量名的第一个符号只能是字母和下划线，数字不能放在变量名首位
变量名中间不能包含空格
不能使用关键字作为变量名，比如：cout、include、int、main
如果在一个语句块中定义了一个变量名，那么在变量的作用域内不能再定义相同名称的变量

四、如何往变量中放东西

赋值运算符 = 用来给变量赋值，这里的"="不表示数学中的等于号，它将等号右边的值赋给等号左边的变量。简单来说就类似于向笼子里放东西。

赋值的格式：

变量 = 表达式；

例如：

```
head = 35;
```

这里表示把 = 右边的数值赋值给左边的变量。如图 2.6 所示，head = 35 就相当于把 35 这个数值赋给变量 head，形象地说就是往名字为 head 的笼子里放 35 个鸡（兔）头。

head

图 2.6　赋值 1

例 2.3　一共有多少个水果

【题目描述】

如图 2.7 所示，现有苹果一个、橘子两个、番茄四个。编写程序计算一共有多少个水果？

图 2.7　赋值 2

【输入输出样例】

输入样例（无输入）	输出样例
	一共有 7 个水果。

【参考程序】

```cpp
#include <iostream>
using namespace std;
int main()
{
    int   apple=1,orange=2,tomato=4;// 变量的声明与赋值
    int   fruit;
    fruit = apple+orange+tomato;// 变量的赋值
    cout<<" 一共有 "<<fruit<<" 个水果。";//cout 输出结果
```

```
    return 0;
  }
```

【分析】

（1）相同类型的变量可以进行运算。

（2）创建三个类型为 int 型的变量，并依次取名为 apple、orange、tomato，并分别给它们赋值为 1、2、4，再创建一个类型为 int 型并且名为 fruit 的变量，计算水果总数量。

（3）变量可以由 cout 输出。

五、变量的作用范围

1. 变量定义的位置

变量的作用域（范围）就是可以访问该变量的代码区域。作用域是程序的一个区域，一般来说有三个地方可以定义变量：

（1）在函数或一个代码块内部声明的变量，称为局部变量；

（2）在函数参数的定义中声明的变量，称为形式参数；

（3）在所有函数外部声明的变量，称为全局变量。

我们将在后续的章节中学习什么是函数和参数。这里先来讲解什么是局部变量和全局变量。

2. 局部变量

局部变量是在函数或一个代码块内部声明的变量，它们只能被函数内部或者代码块内部的语句使用。鸡兔同笼的程序就采用了局部变量：

```
#include <iostream>
using namespace std;
int main()
{
  int head=35; //局部变量声明和赋值
  int feet=94; //局部变量声明和赋值
  int chickens=(4 *head-feet)/ 2;//局部变量声明和赋值
```

```
    int rabbits= m -chickens;// 局部变量声明和赋值
    cout <<"chickens = "<<chickens<< endl;
    cout <<"rabbits = "<<rabbits<< endl;
    return 0;
}
```

3. 全局变量

全局变量是在所有函数外部定义的变量（通常是在程序的头部），其值在程序的整个生命周期内都是有效的。

全局变量可以被任何函数访问。也就是说，全局变量一旦声明，在整个程序中都是可用的。下面的程序使用了全局变量和局部变量：

```
#include <iostream>
using namespace std;
int chickens=0, rabbits=0; // 全局变量声明和赋值
int main()
{
    int head=35; // 局部变量声明和赋值
    int feet=94; // 局部变量声明和赋值
    chickens=(4 *head-feet)/ 2;
    rabbits= m -chickens;
    cout <<"chickens = "<<chickens<< endl;
    cout <<"rabbits = "<<rabbits<< endl;
    return 0;
}
```

【分析】

在程序中，局部变量和全局变量的名称可以相同，但是在函数内，局部变量的值会覆盖全局变量的值。当上面的代码被编译和执行时，将输出 chickens =23，rabbits =12，而不是输出 0。我们应养成正确使用变量的好习惯，否则有时候程序可能会产生意想不到的结果。

4. 变量的作用域

变量的作用域可以通过以下规则确定：

（1）只要字段所属的类在某个作用域内，其字段也在该作用域内；

（2）局部变量存在于表示声明该变量的块语句或方法结束的封闭花括号之前的作用域内；

（3）在 for、while 或类似语句中声明的局部变量存在于该循环体内。

六、练习

练习1　乘法计算

【题目描述】

编写一段程序，$a = 10$，$b = 20$，利用变量输出 $a \times b$ 的结果。

【输入输出样例】

输入样例（无输入）	输出样例
	200

练习2　交换数字顺序

【题目描述】

编写一段程序，输入两个数字 10 和 20，将两个数字交换顺序输出。

【输入输出样例】

输入样例	输出样例
10 20	20 10

第三节　数据类型

在上一节我们学习了变量的概念。在进行变量声明时，不仅要按照要求起一个变量名称，还要明确变量可存储的数据类型。变量中存储的数据类型要和声明的变量类型一致。这就好比我们入住酒店时，房间名称就是变量名，房间类型就是变量类型，客人要入住房间名与类型相对应的房间才是准确的。

一、数据类型

使用编程语言进行编程时，需要用到各种变量来存储各种信息。变量保留的是它所存储值的内存位置。这意味着当创建一个变量时，就会在内存中保留一些空间。

编写程序的过程中我们可能需要存储各种数据类型（如字符型、整型、单精度型、双精度型、布尔型等）的信息，操作系统会根据变量的数据类型来分配内存和决定在保留的内存中存储什么。

C++为程序员提供了种类丰富的内置数据类型和用户自定义的数据类型，如图 2.8 所示。

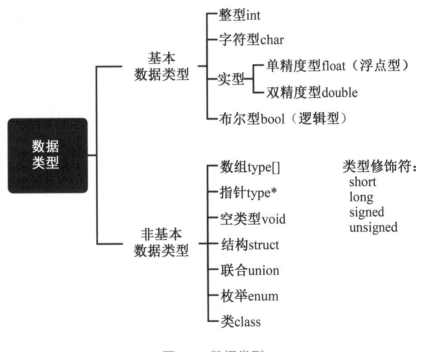

图 2.8　数据类型

表 2.3 列出了 C++ 七种基本的数据类型。

表2.3　C++基本数据类型

类型	布尔型	字符型	整型	单精度型	双精度型	空类型	宽字符型
关键字	bool	char	int	float	double	void	wchar_t

一些基本类型可以使用一个或多个类型修饰符进行修饰，比如：signed、unsigned、short、long。

修饰之后会有些变化，以整型 int 为例（图2.9）：

整型：int　　　　　　类型修饰符：short　long　signed　unsigned

有符号型（有正有负）
- 基本整型（简称整型）：int
- 短整型：short int 或 short
- 长整型：long long int 或 long long

无符号型（只有正）
- 无符号短整型：usigned short
- 无符号整型：usigned int
- 无符号长整型：usigned long

图2.9　类型修饰符

下面重点介绍常用的几种数据类型：整型、实型、字符型、布尔型。

二、整型

例2.4　苹果采购

【题目描述】

现在需要采购一些苹果，每名学生都可以分到固定数量的苹果，并且已经知道学生的数量，请问需要采购多少个苹果？

【输入格式】

输入两个不超过 10^9 的正整数，分别表示每人分到的数量和学生的人数。

【输出格式】

输出一个整数，表示答案。保证输入和输出都是在 int 范围内的非负整数。

【输入输出样例】

输入样例	输出样例
5 3	15

【分析】

由题可知，需要我们输入已知的每人分到的苹果数量和学生的人数，输出需要采购的总数，且要求输入和输出都为非负整数。所以我们在编写程序时要声明两个整型变量，并使用标准输入语句为两个变量赋值，再使用标准输出语句输出计算结果。

【参考程序】

```cpp
#include<iostream>
using namespace std;
int main()
{
    int apple,student; //定义两个整型变量 apple 和 student
    cin>>apple>>student;    //通过输入两个整型数值为 apple 和
student 变量赋值
    cout<<apple*student<<"\n";   //输出两个变量相乘后的结果
    return 0;
}
```

【运行结果】

```
5 3
15
```

需要注意的是，在刚刚的程序中我们运用了输入语句"cin"，并且在输出两个变量的乘积时运用了算数运算符；数学中的乘号"×"在 C++ 语言中的算数运算符为"*"。这些都将在第二章第四节中进行学习。

【新知讲解】

1. 基本概念

整数是一种数据类型，整型变量里只能存放整数，定义格式和赋值方式见表 2.4。

表 2.4　整型格式

	整型
基本概念	整数类型是一种数据类型，整型变量里只能存放整数
定义格式	int a;
赋值	a=3;

可以使用一个或多个类型修饰符对 int 进行修饰，改变存储数据的存储空间和取值范围。表 2.5 显示了各种变量类型在内存中存储值时需要占用的内存，以及该类型的变量所能存储的最大值和最小值。

表 2.5　整型范围

类型名称	字节数	位数	取值范围
int	4	2^{32}	–2 147 483 648~2 147 483 647
unsigned int	4	2^{32}	0~4 294 967 295
short int	2	2^{16}	–32 768~32 767
long int	4	2^{32}	–2 147 483 648~2 141 483 647
long long int	8	2^{64}	–9 223 372 036 854 775 808~9 223 372 036 854 775 807

2. 关键字 sizeof 基本概念

sizeof 是一个关键字，且为编译时的运算符，用于判断变量或数据类型的字节大小。由于不同系统中，相同的数据类型的存储空间可能不同，所以可以利用 sizeof（）函数来获取各种数据类型的大小，即占内存多少个字节数。

使用 sizeof 函数的语法：

```
sizeof(data type);
```

例如，查看自己的计算机中一个不同类型的变量占内存多少字节：

```
#include <iostream>
using namespace std;
int main ()
{
    cout <<"Size ot int:"<<sizeof(int)<<endl;
```

```
    cout <<"Size ot short:"<<sizeof(short)<<endl;
    cout <<"Size ot long long:"<<sizeof(longlong)<<endl;
    return 0;
}
```

运行程序后，结果如下：

```
Size ot int:4
Size ot short:2
Size ot long long:8
```

大家可以自己试一试，看看自己的计算机各个类型占用多大的存储空间。

三、实型

实数类型（实型）是一种数据类型，其变量里能存放小数和整数。实型分为单精度型（float）和双精度型（double），实型的定义格式和赋值见表2.6。

表 2.6　实型的定义格式和赋值

	实型
基本概念	实数类型是一种数据类型，实数类型变量里能存放小数和整数
定义格式	float a; 或者 double b;
赋值	a=3.4; 或者 b=0.5;

单精度型和双精度型的区别又有哪些呢？具体见表2.7。

表 2.7　单精度型和双精度型的区别

	单精度	双精度
在内存中占有的字节数	4 个字节	8 个字节
有效数字位数	7 位	15 位
所能表示数的范围	$-3.4E+38 \sim 3.4E+38$	$-1.7E+308 \sim 1.7E+308$
在程序中处理速度	速度较快	速度较慢

例 2.5　小明买水果

【题目描述】

现有苹果一个、橘子两个、番茄四个。其中，苹果 1 元一个，橘子 0.8 元一个，番茄 0.5 元一个。编写一个程序计算小明买水果一共花多少元？

【输入输出样例】

输入样例（无输入）	输出样例
	一共花了 4.6 元买水果。

【参考程序】

```
#include <iostream>
using namespace std;
int main()
{
    int  apple=1,orange=2,tomato=4;// 变量的声明与赋值
    double sum;
    sum = apple*1+orange*0.8+tomato*0.5;// 变量的赋值
    cout<<" 一共花了 "<<sum<<" 元买水果。";//cout 输出结果
    Return 0;
}
```

【分析】

（1）创建变量 sum 存储总价，由于总价可能为小数，因此 sum 变量类型设为 double 类型。

（2）double 类型变量可以由 cout 输出。

【运行结果】

一共花了 4.6 元买水果。

四、字符型

1. 字符的概念

什么是字符？先看看字符的概念：

（1）字符是指计算机中使用的字母、数字和符号，例如 26 个大小写字母、数字 0 ~ 9、一些特殊的符号 #、@、+、－ 等。

（2）如果我们想存字母，例如输入 k，能输出 k，存放时就需要声明字符类型的变量。

2. 字符类型

表 2.8 对字符类型的概念、定义格式和赋值方式进行了说明。

表 2.8　字符类型

	字符类型
基本概念	字符类型（char）是一种数据类型，和实型、整型类似，不同的是一个字符类型变量可存储的内容为单个字符
定义格式	char a;
赋值	a='k';

【注意事项】

（1）字符类型变量的输入和输出均与整数类型、实数类型一致。

（2）输入的是字符，但是赋值的时候不能忘记字符两边的单引号。

3. ASCII 码

计算机其实是不能直接识别字符的，所有的数据在计算机中存储和运算时都要使用二进制数表示。像 a、b、c、d、A、B 这样的 52 个大小写字母以及阿拉伯数字 0 ~ 9，还有一些常用的符号（如 *、#、@ 等）在计算机中存储时也要使用二进制数来表示。那具体哪些二进制数表示哪个符号呢？为保证人类和设备、设备和计算机之间能进行正确的信息交换，人们编制了统一的信息交换代码，即 ASCII 码，利用 ASCII 码（数字）来存储字符，这就是 ASCII 码表。简单来说，ASCII 码就相当于字符对应的数字编号，只要知道编号，就知道是哪个字符了。举个小例子，在学校里，每个学生的个人信息都是通过学号来记录的，知道了学号，就知道是哪个学生了，ASCII 码就类似于学生学号。常用字符对应的 ASCII 码见表 2.9。

表 2.9　常用字符的 ASCII 码

字符	ASCII 码
（space）（空格）	32
'0'（数字 1 ~ 9，依次加 1）	48
'a'（数字 b ~ z，依次加 1）	97
'A'（数字 B ~ Z，依次加 1）	65

例如，char a='k';中，字符类型变量 a 存储的就是代表字符 k 的 ASCII
码 107，而不是直接存储的字符 k。

4. 字符的输出

ASCII 码是 int 类型，而字符是 char 类型。因此，要输出字符，需要把 int
类型转化成 char 类型。字符的输出有两种方法，如图 2.10 所示。

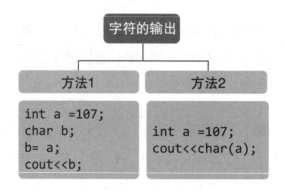

图 2.10　字符的输出

5. 字符的算术运算

字符类型是可以进行算术运算的，如图 2.11 所示，计算机进行计算的时候
会自动对字符所对应的 ASCII 码的值进行相应的运算。

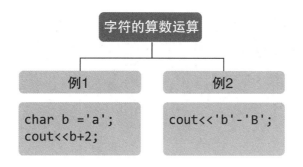

图 2.11　字符的运算

例如，将大小写字母进行转换，小写字母 a 的 ASCII 码是 97，大写字母 A 的 ASCII 码是 65，差值为 32。

如果我们要输出字符 h 对应的大写字母，直接可以写为

```
cout<<char('h'-32);
```

如果我们要输出字符 F 对应的小写字母，直接可以写为

```
cout<<char('F'+32);
```

总结：小写转大写减 32；大写转小写加 32。

例 2.6　大小写字母转换

【题目描述】

输入一个小写字母，输出这个字母对应的大写字母。

【输入输出样例】

输入样例	输出样例
a	A

【参考程序】

```
#include <iostream>
using namespace std;
int main()
{
    char a, b;
```

```
    cin >> a;
    b = a - 32;
    cout << b << endl;
    return 0;
}
```

【分析】

（1）定义两个字符型变量 a 和 b。

（2）使用输入语句输入一个小写字母，并存储在字符变量 a 中。

（3）如将小写字母转换为大写字母，我们知道 ASCII 码差值为 32，因此使用变量 a–32 即可得到对应大写字母的 ASCII 码，并赋值给字符变量 b，在输出字符变量 b 时显示为相应大写字母。

【运行结果】

```
a
A
```

五、布尔型

在 C 语言中，关系运算和逻辑运算的结果有两种：真与假。其中，0 表示假，非 0 表示真。但是，C 语言并没有彻底从语法上支持"真"和"假"，只是用 0 和非 0 来代表。这点在 C++ 中得到了改善，C++ 新增了 bool 类型（布尔类型），它一般占用 1 个字节长度。bool 类型只有两个取值：true 和 false。其中，true 表示"真"，false 表示"假"。

bool 是类型名字，也是 C++ 中的关键字，它的用法和 int、char、long 是一样的。遗憾的是，在 C++ 中使用 cout 输出 bool 变量的值时还是用数字 1 表示 true，0 表示 false。

布尔（bool）类型的结果一般出现在关系运算符、逻辑运算符以及 if 条件表达式和 while 循环条件中。这些运算符及表达式将在第二章第四节进行学习。

例 2.7　比较大小

【题目描述】

输入两个数字 a 和 b，输出 a>b 这个布尔值的结果。

【输入输出样例】

输入样例	输出样例
30 20	1

【参考程序】

```cpp
#include <iostream>
using namespace std;
int main()
{
    int a, b;
    bool flag;  // 定义布尔变量
    cin>>a>>b;
    flag = a > b;
    cout<<"flag ="<<flag<<endl;
    return 0;
}
```

【分析】

（1）定义 bool 变量 flag。

（2）flag 的取值为比较运算符 > 的判断结果，如果满足 a>b，结果为真，bool 的值为 1；如果不满足 a>b，结果为"假"，bool 的值为 0。

【运行结果】

```
30 20
1
```

六、类型转换

1. 基本概念

一些情况下，需要将一种类型的变量转化为另一种指定的数据类型，这就称为类型转换。类型转换是一种临时的转换，其基本概念、格式和注意事项见表 2.10。

表 2.10　类型转换的基本概念、格式和注意事项

类型转换	
基本概念	类型转换是把一种数据类型转化为另一种指定的数据类型
定义格式	（数据类型）（表达式）； 即：（要被转换成的类型）（被转换的式子）；
注意	数据类型或表达式至少要有一个被括号括起来

2. 整型转换成浮点型

例如，输出 5÷2 的小数结果，可以写成如下方式：

```
int a=5;
cout<<(double)a/2;
```

该程序相当于先把 a 转化成 double 类型，再除以 2。这样与 5.0÷2 的道理是一样的，这里的 a 只是临时转化成浮点型。

把整型变量 a 转换成浮点型，除（double）a 这种写法外还有其他两种写法，分别为

```
double(a)
(double)(a)
```

通过上面三种写法可以看出，要把整型变量 a 转换成浮点型，a 和 double 至少要有一对小括号。

例 2.8　分离小数

【题目描述】

输入一个小数 a，分别输出 a 的整数部分和小数部分。

【输入输出样例】

输入样例	输出样例
13.67	13 0.67

【参考程序】

```
#include <iostream>
using namespace std;
int main(){
    double a;
    cin>>a;
    cout<<(int)a<<" "<<a-(int)a;
    return 0;
}
```

【分析】

（1）cin 与 cout 对应，cin 功能为输入，cout 功能为输出。

（2）采用类型转换得到输入数字的整数部分，此操作并没有改变输入数字的值。

【运行结果】

```
13.67
13 0.67
```

七、练习

练习 1　100014. A+B 问题

【题目描述】

输入两个整数 a、b，输出它们的和（$|a|$，$|b| \leqslant 65\,535$）。

【输入格式】

两个整数以空格分开。

【输出格式】

一个整数。

【输入输出样例】

输入样例	输出样例
20 30	50

练习 2　105348. 分可乐

【题目描述】

现在有 t 毫升可乐，要均分给 n 名同学，每名同学需要 2 个杯子。现在想知道每名同学可以获得多少毫升饮料（严格精确到小数点后 3 位），以及一共需要多少个杯子。输入一个实数 t 和一个整数 n，使用空格隔开。输出两个数字表示答案，使用换行隔开（$0 \leqslant t \leqslant 10\ 000$ 且不超过 3 位小数，$1 \leqslant n \leqslant 1\ 000$）。

【输入输出样例】

输入样例	输出样例
500.0　3	166.667
	6

练习 3　以下代码将导致（　　　）。

```
int a1 = 5;
double a2 = (float)a1;
```

A. 编译错误　　　　B. 运行期错误　　　C. 没有错误　　　　D. 运行时异常

练习 4　若有以下类型说明语句：char w; int x; float y; double z; 则表达式 w×x+z–y 的结果类型是（　　　）

A. float　　　　　B. int　　　　　C. double　　　　D. char

练习 5　已知 int a=0×122，则 a/2 为（　　　）。

A. 61　　　　　　B. 0×61　　　　C. 145　　　　D. 94

第四节　运算符与表达式

写程序就如同写文章一样，熟练掌握运算符和表达式，就能写出好的程序。

一、运算符和操作数

运算符是一种告诉编译器执行特定的数学或逻辑操作的符号。C++ 内置了丰富的运算符，如图 2.12 所示。

图 2.12　运算符

介绍了运算符，那么操作数又是什么样呢？可举例说明：在加法运算 $x+y$ 中，$+$ 为运算符，x 和 y 就是操作数。

二、算术运算符

C++ 语言支持的算数运算符有加减乘除四则运算，以及取模、自增和自运算符。假设变量 A 的值为 10，变量 B 的值为 20，算术运算符见表 2.11。

表 2.11　算术运算符对应的运行过程及结果

运算符	描述	运算对象	实例	结果类型
+	把两个操作数相加	整型、实型	$A+B$ 将得到 30	只要有一个运算对象是实型，结果就是实型；若全部的运算对象均为整型并且运算不是除法，则结果为整型；若运算是除法，则结果是实型
−	从第一个操作数中减去第二个操作数	整型、实型	$A-B$ 将得到 −10	
*	把两个操作数相乘	整型、实型	$A*B$ 将得到 200	
/	分子除以分母	整型、实型	B/A 将得到 2	
%	取模运算符，整除后的余数	整型	$B\%A$ 将得到 0	整型

续表 2.11

运算符	描述	运算对象	实例	结果类型
++	自增运算符，整数值增加 1	整型、实型	A++ 将得到 11	操作数是整型，结果为整型；操作数是实型，结果为实型
−−	自减运算符，整数值减少 1	整型、实型	A−− 将得到 9	

注意，算术运算符的优先级为先乘除、后加减，同级自左向右。

例 2.9　简便计算器

【题目描述】

果果想自己设计一个计算程序，只要输入 a、b 两个整数，就可以将两数的加、减、乘、除、取模以及 a 自增、a 自减的结果输出。

【输入输出样例】

输入样例	输出样例
10 20	30 -10 200 0 10 11 9

【参考程序】

```cpp
#include <iostream>
using namespace std;
int main()
{
    int a,b,c;
    cin>>a>>b;
    cout<<a+b<<" "<<a-b<<" "<<a*b<<" "<<a/b<<" "<<a%b<<" ";
    c=a;// 存储原始变量 a 的值
    a++;//a=a+1
    cout<<a<<"   ";
```

```
    a=c;// 还原 a 本来的值
    a--;//a=a-1
    cout<<a;
    return 0;
}
```

【分析】

（1）a++ 后，a 的值已经变化，需重新赋值为初始值。

（2）另设一个变量 c 来存储初始变量 a 的值。

【运行结果】

```
10 20
30  -10  200  0  10  11  9
```

例 2.10　取模运算符的运用——输出数字的个位

【题目描述】

输入数字 a，输出 a 的个位数字。

【输入输出样例】

输入样例	输出样例
102	2

【参考程序】

```cpp
#include <iostream>
using namespace std;
int main()
{
    int a;
    cin>>a;
    cout<<a%10;
```

```
        return 0;
    }
```

【分析】

利用取模运算符，让输入变量对 10 取模，得到的余数就是变量 a 的个位数字。

【运行结果】

```
102
2
```

三、关系运算符

假设变量 A 的值为 10，变量 B 的值为 20，关系运算符对应的运行过程及结果见表 2.12。

表 2.12　关系运算符对应的运行过程及结果

运算符	描述	运算对象	实例	结果类型
==	检查两个操作数的值是否相等，如果相等则条件为真	简单类型	（A==B）不为真	布尔型
!=	检查两个操作数的值是否相等，如果不相等则条件为真	简单类型	（A!=B）为真	布尔型
>	检查左操作数的值是否大于右操作数的值，如果是则条件为真	简单类型	（A>B）不为真	布尔型
<	检查左操作数的值是否小于右操作数的值，如果是则条件为真	简单类型	（A<B）为真	布尔型
>=	检查左操作数的值是否大于等于右操作数的值，如果是则条件为真	简单类型	（A>=B）不为真	布尔型
<=	检查左操作数的值是否小于等于右操作数的值，如果是则条件为真	简单类型	（A<=B）为真	布尔型

关系运算符的结果为布尔型（bool），其中 >、>=、<、<= 优先级高，!= 和 == 优先级低。当我们在混合使用关系运算符时，最好还是用括号规定好优先级。

例 2.11 设计一个评分程序

【题目描述】

果果想为年级朗诵比赛设计一个评分程序。分数在 90 以上的，评为"最佳朗诵奖"；分数大于 80 分小于等于 90 分的，评为"朗诵之星奖"，分数大于 70 分小于等于 80 分的评为"小小朗诵家"，分数在 70 分及以下的，评为"朗诵新星"。

【输入输出样例】

输入样例	输出样例
91	最佳朗诵奖

【分析】

（1）程序需要关系运算符对输入的成绩进行比较、判断，当满足某个判断条件时，就输出对应的等级称号。

（2）因涉及多种情况的条件判断，需要用到分支语句：if、else if...、else。

【参考程序】

```cpp
#include <iostream>
using namespace std;
int main()
{
    int score;
    cin>>score;
    if(score>90) cout<<"最佳朗诵奖";
    else if(score>80) cout<<"朗诵之星奖";
    else if(score>70) cout<<"小小朗诵家";
    else cout<<"朗诵新星";
```

```
        return 0;
    }
```

【运行结果】

91

最佳朗诵奖

四、逻辑运算符

假设变量 *A* 为真, 变量 *B* 为假, 逻辑运算符对应的运算过程及结果见表 2.13。

表 2.13　逻辑运算符对应的运算过程及结果

运算符	描述	运算对象	实例	结果类型
&&	逻辑与运算符。如果两个操作数都为 true, 则条件为 true	布尔型	(A&&B) 为 false	布尔型
||	逻辑或运算符。如果两个操作数中有任意一个为 true, 则条件为 true	布尔型	(A||B) 为 true	布尔型
!	逻辑非运算符。用来逆转操作数的逻辑状态, 如果条件为 true, 则逻辑非运算符将使其为 false	布尔型	!(A&&B) 为 true	布尔型

关系运算符与逻辑运算符会在分支结构、循环结构中大量使用, 这里暂不展开讲述, 在第三章和第四章将会详细讲解它们的使用。

五、赋值运算符

1. 基本概念

程序中的 "=" 符号称为赋值运算符或赋值号, 与数学中的 "=" 符号是不一样的。程序中的 "=" 指的是将右边的值赋给左边的变量, 例如 int a=3 就是 "把 3 赋值给变量 a"; sum=a+b 则应理解为 "把 a+b 的值赋给变量 sum"。C++ 支持的赋值运算符见表 2.14。

表 2.14　C++ 支持的赋值运算符

运算符	描述	实例
=	简单的赋值运算符，把右边操作数的值赋给左边操作数	C = A + B 相当于把 A + B 的值赋给 C
+=	加且赋值运算符，把右边操作数加上左边操作数的结果赋值给左边操作数	C += A 相当于 C = C + A
− =	减且赋值运算符，把左边操作数减去右边操作数的结果赋值给左边操作数	C − = A 相当于 C = C – A
*=	乘且赋值运算符，把左边操作数乘以右边操作数的结果赋值给左边操作数	C *= A 相当于 C = C * A
/=	除且赋值运算符，把左边操作数除以右边操作数的结果赋值给左边操作数	C /= A 相当于 C = C / A
%=	求模且赋值运算符，求两个操作数的模赋值给左边操作数	C %= A 相当于 C = C % A
<<=	左移且赋值运算符	C <<= 2 等同于 C = C << 2
>>=	右移且赋值运算符	C >>= 2 等同于 C = C >> 2
&=	按位与且赋值运算符	C &= 2 等同于 C = C & 2
^=	按位异或且赋值运算符	C ^= 2 等同于 C = C ^ 2
|=	按位或且赋值运算符	C |= 2 等同于 C = C | 2

2. 变量的连续赋值

当很多变量都需要赋给一个相同值的时候，我们可以使用连续的赋值符号完成这个操作，变量的连续赋值见表 2.15。

表 2.15　变量的连续赋值

基本格式	变量 = 变量 = 变量 = … = 变量 = 表达式；
举例	int a,b,c,d,e;　　a=b=c=d=e=88;
说明	该例子完成的功能是将 88 这个数值赋给 a,b,c,d,e 这五个变量。而在程序内部执行的顺序如下：　c=88; d=c; c=d; b=c; a=b;

例 2.12　计算 1 到 100 的数字之和

【题目描述】

果果想设计一个程序，可以输出 1 到 100 的数字之和以及计算式 1+2+3+…+100=?

【输入输出样例】

输入样例（无输入）	输出样例
	1+2+3+4+5+6+7+8+9+10+11+12+13+14+15+16+17+18+19+20+21+22+23+24+25+26+27+28+29+30+31+32+33+34+35+36+37+38+39+40+41+42+43+44+45+46+47+48+49+50+51+52+53+54+55+56+57+58+59+60+61+62+63+64+65+66+67+68+69+70+71+72+73+74+75+76+77+78+79+80+81+82+83+84+85+86+87+88+89+90+91+92+93+94+95+96+97+98+99+100=5050

【分析】

（1）这里需要用到后面学到的 for 循环语句。

（2）程序中不断将 i 值累加到变量 s。

【参考程序】

```cpp
#include <iostream>
using namespace std;
int main()
{
for(int i=1,s=0;i<101;i++)
{
    if(i!=100)s+=i,cout<<i<<"+";
    else s+=i,cout<<i<<"="<<s;
}
```

```
    return 0;
    }
```

【运行结果】

1+2+3+4+5+6+7+8+9+10+11+12+13+14+15+16+17+18+19+20+21+22+23+24+25+26+27+28+29+30+31+32+33+34+35+36+37+38+39+40+41+42+43+44+45+46+47+48+49+50+51+52+53+54+55+56+57+58+59+60+61+62+63+64+65+66+67+68+69+70+71+72+73+74+75+76+77+78+79+80+81+82+83+84+85+86+87+88+89+90+91+92+93+94+95+96+97+98+99+100=5050

六、位运算符

位运算就是基于逻辑运算的运算，位运算符作用于位，并逐位执行操作。&、| 和 ^ 的真值表见表 2.16。

表 2.16　&、| 和 ^ 的真值

p	q	p & q	p	q	p ^ q	~ p
0	0	0	0	0	1
0	1	0	1	1	1
1	1	1	1	0	0
1	0	0	1	1	0

假设 A=60，且 B=13，二进制格式表示为 A=00111100，B=00001101，具体位运算见表 2.17。

表 2.17　位运算

运算符	运算结果
A&B	00001100
A|B	00111101
A^B	00110001
~A	11000011

例 2.13　13 ^（1 << 3）的结果是（^ 为异或）（　　　）。

A. 5　　　　　　　B. 9　　　　　　　C. 13　　　　　　　D. 21

【分析】

首先要明确，括号中 1<<3 的结果是什么。"<<"是左移运算符，用于将一个数的各二进制位全部左移若干位，右边空出的位用 0 填补，高位左移溢出，即超出 8 位，则舍弃该高位。1<<3，就是数字 1 左移 3 位，即 00000001 → 00001000（8）。下一步就是 13^8 的结果，需要将两个十进制数转换为二进制数进行按位异或运算。1101 与 1000 按位异或运算的结果为 0101，二进制 0101 转换为十进制数为 5，因此此题答案为 A。

七、优先级

运算符的优先级确定表达式中项的组合，这会影响到一个表达式如何计算。某些运算符比其他运算符有更高的优先级，例如，乘除运算符具有比加减运算符更高的优先级。

例如 x =7+3*2，在这里，x 被赋值为 13，而不是 20，因为运算符 * 具有比 + 更高的优先级，所以首先计算乘法 3*2，然后再加上 7。

表 2.18 将运算符按优先级从高到低列出各个运算符，具有较高优先级的运算符出现在表格的上面，具有较低优先级的运算符出现在表格的下面。在表达式中，较高优先级的运算符会优先被计算。

表 2.18　运算符优先级

类别	运算符	结合性
后缀	() [] -> . ++ --	从左到右
一元	+ - ! ~ ++ -- (type) * & sizeof	从右到左
乘除	* / %	从左到右
加减	+ -	从左到右
移位	<< >>	从左到右
关系	< <= > >=	从左到右
相等	== !=	从左到右

续表 2.18

类别	运算符	结合性
位与 AND	&	从左到右
位异或 XOR	^	从左到右
位或 OR	|	从左到右
逻辑与 AND	&&	从左到右
逻辑或 OR	||	从左到右
条件	? :	从右到左
赋值	= += -= *= /= %= >>= <<= &= ^= |=	从右到左
逗号	,	从左到右

下面举例说明优先级对运算结果产生的影响。看看下面的程序，你能写出运行后的结果是什么样的吗？

```cpp
#include <iostream>
using namespace std;
int main()
{
    int a = 20;
    int b = 10;
    int c = 15;
    int d = 5;
    int e;
    e = (a + b) * c / d;         // ( 30 * 15 ) / 5
    cout << "(a + b) * c / d 的值是 " << e << endl ;
    e = ((a + b) * c) / d; // (30 * 15 ) / 5
    cout << "((a + b) * c) / d 的值是 " << e << endl ;
    e = (a + b) * (c / d); // (30) * (15/5)
```

```
    cout << "(a + b) * (c / d) 的值是 " << e << endl ;
    e = a + (b * c) / d;        // 20 + (150/5)
    cout << "a + (b * c) / d 的值是 " << e << endl ;
    return 0;
}
```

当上面的代码被编译和执行时，它会产生以下结果：

(a + b) * c / d 的值是 90

((a + b) * c) / d 的值是 90

(a + b) * (c / d) 的值是 90

a + (b * c) / d 的值是 50

八、练习

练习1 108804. 数字对调

【题目描述】

输入一个三位数，要求把这个数的百位数与个位数对调，输出对调后的数。

【输入输出样例】

输入样例	输出样例
234	n=432

【提示】

先求出自然数的个位、十位、百位，然后个位与百位对调。

练习2 105351. 吃苹果

【题目描述】

小铃喜欢吃苹果。她现在有 m （$m \leq 100$）个苹果，吃完一个苹果需要花费 t（$0 \leq t \leq 100$）分钟，吃完一个后立刻开始吃下一个。现在时间过去了 s（$s \leq 10\,000$）分钟，请问她还有几个完整的苹果？

【输入格式】

输入三个非负整数表示 m、t 和 s。

【输出格式】

输出一个整数表示答案。

【输入输出样例】

输入样例	输出样例
50 10 200	30

【知识加油站】

计算机中的浮点数表示

计算机是不认识"."的，那么二进制小数中的点需要被保存下来，它是如何保存的呢？

1985 年，随着标准 IEEE Std 754™—1985 的推出（2008 年再次修订为 IEEE Std 754™—2008），制定出了浮点数的统一表示以及运算的标准。目前，所有的计算机都支持这个标准，为科学应用程序在不同机器上的可移植性奠定了基础。IEEE 浮点标准用以下式子表示一个浮点数：

$$V = (-1)^s \times M \times 2^E$$

各个符号的含义如下：

（1）符号位 s 决定这是一个正数还是一个负数，当 s 是 0 时为正数，是 1 时为负数。

（2）M 位即有效数字位，该值是一个二进制小数，它的范围为 $1 < M < 2$。

（3）E 指数位，又称阶码位，作用是对浮点数加权。

IEEE Std 754™—2008 规定，数字系统中的浮点数是对数学中小数的近似，同时规定表达浮点数的 0、1 序列被分为三部分（三个区域）（图 2.13）。

sign	exponent	fraction

图 2.13　三部分

对于 32 位单精度浮点数来说，exponent 的宽度为 8。fraction 位宽度为 23，表示实际的值 M。

例如：32 位单精度浮点数 125.12510 在计算机中的表示过程如下

（1）首先将十进制小数转为二进制小数，得到 1111101.0012。

（2）将二进制小数转为 IEEE 浮点数标准格式，即 $1.111101001*2^6$。

（3）对照图 2.13，sign 符号位为 0，表示正数；exponent 表示科学计数法的指数部分。注意：这里所说的指数并不是前面计算出来的 6，而是等于实际指数值 6 加上一个指数偏移值。对于 32 位单精度浮点数来说，偏移值为 127，所以 exponent 值为 127+6=133，采用二进制表示为 10000101。

（4）fraction 表示有效数字位，又称尾数，也就是第二步中二进制表示值的小数部分（为何是小数部分？因为 1 默认省略掉了），即 111101001，再补齐至 23 位，即得到 fraction 处位表示为 11110100100000000000000。

因此 32 位单精度浮点数 125.12510 在计算机中的表示如下：

0　10000101　11110100100000000000000

其中，空格是为了区分三段。

同样，对于 64 位双精度浮点数来说，exponent 段为 11 位，偏移值为 1023。而 fraction 段长度为 52 位，也就是 64−1−11（64 位减去符号位 1 位，再减去 expoent 段的 11 位）。

第五节　基本的输入与输出

一、求圆环面积

果果想编写一个程序：输入外圆直径 $D1$ 和内圆直径 $D2$（图 2.14），求圆环的面积，来验证近期所做的求圆环面积的数学练习题。

【分析】

圆面积的公式是：圆周率（π）× 半径 × 半径。根据题目要求，用户应输入外圆和内圆的直径，所以要先求取内圆和外圆的半径。已知半径＝直径÷2，再根据圆面积公式，分别求出外圆面积与内圆面积。再根据公式圆环面积＝外圆面积－内圆面积即可求得圆环面积。

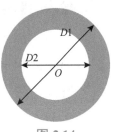

图 2.14

根据上面的分析，我们可以使用如下程序实现：

```cpp
#include <iostream>
using namespace std;
int main()
{
    float D1,D2;
    float s1,s2;
    float r1,r2;
    cout<<" 输入外圆直径: ";
    cin>>D1;
    cout<<" 输入内圆直径: ";
    cin>>D2;
    r1=D1/2;
    r2=D2/2;
    s1=3.14*r1*r1;
    s2=3.14*r2*r2;
    cout<<" 外圆面积 ="<<s1<<endl;
    cout<<" 内圆面积 ="<<s2<<endl;
    cout<<" 圆环面积 ="<<s1-s2<<endl;
    return 0;
}
```

当上面的代码被编译和执行时，它会产生以下结果：

输入外圆直径：20

输入内圆直径：10

外圆面积 =314

内圆面积 =78.5

圆环面积 =235.5

通过以上的例子分析，我们知道了一个完整的程序一般具备数据输入、运算处理、数据输出三个要素。C++ 的 I/O 发生在流中，流是字节序列。如果字节流是从设备（如键盘、磁盘驱动器、网络连接等）流向内存，称为输入操作；如果字节流是从内存流向设备（如显示屏、打印机、磁盘驱动器、网络连接等），称为输出操作。

本节我们主要介绍标准输出流 cout、标准输入流 cin、格式化输出函数 printf 与格式化输入函数 scanf。

二、I/O 库头文件

在运用不同的函数时要添加上相应的头文件，常见头文件见表 2.19。

表 2.19　常见头文件

头文件	函数和描述
\<iostream\>	该文件定义了 cin、cout、cerr 和 clog 对象，分别对应于标准输入流、标准输出流、非缓冲标准错误流和缓冲标准错误流
\<iomanip\>	该文件通过所谓的参数化的流操纵器（比如 setw 和 setprecision），来声明对执行标准化 I/O 有用的服务
\<fstream\>	该文件为用户控制的文件处理声明服务

例如，在下面的程序中，因为使用了标准输出流，所以需要在程序中加上头文件：

```
#include <iostream>
using namespace std;
int main(){
cout <<"Hello World!";
cout <<" 欢迎学习程序设计 !";
```

```
    return 0;
}
```

三、标准输出流 cout

C++ 的输出和输入是用"流"（stream）的方式实现的，如图 2.15 所示。

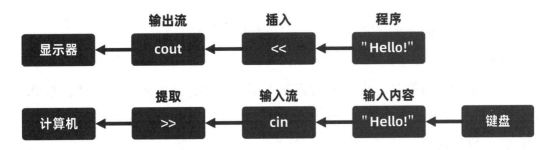

图 2.15 输出和输入"流"

有关流对象 cin、cout 和流运算符的定义等信息是存放在 C++ 的输入输出流库中的，因此如果在程序中使用 cin、cout 和流运算符，就必须使用预处理命令把头文件 stream 包含到本文件中：#include <iostream>。

尽管 cin 和 cout 不是 C++ 本身提供的语句，但是在不致混淆的情况下，为了叙述方便，常常把由 cin 和流提取运算符">>"实现输入的语句称为输入语句或 cin 语句。并把 cout 和流插入运算符"<<"实现输出的语句称为输出语句或 cout 语句。根据 C++ 的语法，凡是能实现某种操作而且最后以分号结束的都是语句。输出指令格式及功能见表 2.20。

表 2.20 输出指令格式及功能

标准输出指令	cout
标准使用格式	cout <<
指令功能	用于在控制台输出结果,如果想要原样输出我们希望显示的内容,那么就需要将原样输出的内容用双引号引起来

cout 是与流插入运算符 << 结合使用的，如下所示：

```
#include <iostream>
using namespace std;
int main()
```

```
{
    char str[] ="Hello C++";// 定义了一个字符数组
    cout <<"Value of str is :" << str << endl;
    return 0;
}
```

当上面的代码被编译和执行时，它会产生下列结果：

```
Value of str is : Hello C++
```

C++ 编译器根据要输出变量的数据类型，选择合适的流插入运算符来显示值。运算符 "<<" 被重载来输出内置类型（整型、浮点型、double 型、字符串和指针）的数据项。

如上面程序中所示，流插入运算符 "<<" 在一个语句中可以多次使用，同时 endl 用于在行末添加一个换行符。

一个 cout 语句也可以分写成若干行，比如：

```
cout<<"This is a C++ program."<<endl;
```

上述例子也可以写成：

```
cout<<"This is" // 注意行末尾无分号
<<"a C++"
<<"program."
<<endl; // 语句最后有分号
```

也可写成多个 cout 语句，即

```
cout<<"This is"; // 语句末尾有分号
cout <<"a C++";
cout <<"program.";
cout<<endl;
```

以上三种情况的输出均为

```
This is a C++ program.
```

注意，不能使用一个插入运算符 "<<" 插入多个输出项，如：

```
cout<<a,b,c; // 错误，不能一次插入多项
```

```
cout<<a+b+c;  // 正确，这是一个表达式，作为一项
```

在用 cout 输出时，用户不必通知计算机按何种类型输出，系统会自动判别输出数据的类型，使输出的数据按相应的类型输出。如已定义 a 为 int 型：b 为 float 型、c 为 char 型，则

```cpp
#include <iostream>
using namespace std;
int main()
{
    int a  = 10;
    float b = 5.5;
    char c = 'A';
    cout<<a<<' '<<b<<' '<<c<<endl;
    return 0;
}
```

会以下面的形式输出：

```
10 5.5 A
```

四、标准输入流 cin

预定义的对象 cin 是 iostream 类的一个实例。cin 对象附属到标准输入设备（通常是键盘）。cin 是与流提取运算符 ">>" 结合使用的，输出指令格式及功能见表 2.21。

表 2.21　输出指令格式及功能

标准输出指令	标准使用格式	指令功能
cin	cin>>	把外部输入的数据传入到计算机中，存储在指定的变量里面

```cpp
#include <iostream>
using namespace std;
int main( )
{
```

```
    char name[50];    // 创建了一个字符数组
    cout << "请输入您的名称：";
    cin >> name;
    cout << "您的名称是：" << name << endl;
    return 0;
}
```

当上面的代码被编译和执行时，它会提示用户输入名称。当用户输入一个值，并按回车键，就会看到下列结果：

请输入您的名称：小明

您的名称是：小明

C++ 编译器根据要输入值的数据类型选择合适的流提取运算符来提取值，并把它存储在给定的变量中。

流提取运算符"">>"在一个语句中可以多次使用，如果要求输入多个数据，可以使用如下语句：

```
cin >> name >> age;
```

这相当于下面两个语句：

```
cin >> name;
cin >> age;
```

五、在输入流与输出流中使用控制符

前面介绍的是使用 cout 和 cin 时的默认格式。但有时人们在输入输出时有一些特殊的要求，如：在输出实数时规定字段宽度；只保留两位小数；数据向左或向右对齐等。C++ 提供了在输入输出流中使用的控制符（有的书中称为操纵符），具体控制符及其作用见表 2.22。

表 2.22　输入流与输出流中控制符及其作用

控制符	作用
dec	设置数值的基数为 10
hex	设置数值的基数为 16
cot	设置数值的基数为 8

续表 2.22

控制符	作用
setfill（c）	设置填充字符c，c可以是字符常量，也可以是字符变量
setprecision（n）	设置浮点数的精度为n位。在以一般的十进制小数形式输出时，n代表有效数字；在以fixed（固定小数位数）形式和scientific（指数）形式输出时，n为小数位数
setw（n）	设置字段宽度为n位
setiosflags（ios :: fixed）	设置浮点数以固定小数位数显示
setiosflags（ios :: scientific）	设置浮点数以科学计数法（即指数）显示
setiosfags（ios :: left）	数据左对齐
setiosflags（ios :: right）	数据右对齐
setiosflags（ios :: skipws）	忽略前导的空格
setiosflags（ios :: uppercase）	数据以十六进制输出时字母以大写表示
setiosflags（ios :: lowercase）	数据以十六进制输出时字母以小写表示
setiosflags（ios :: showpos）	输出正数时给出加号

需要注意的是，如果使用了控制符，在程序单位的开头除了要加 iostream 头文件外，还要加 iomanip 头文件。例如，表 2.23 列举了想要输出双精度数 double a=123.456789012345; 的一些具体的控制符用法。

表 2.23　控制符运用

语句	输出结果
cout<<a;	123.456
cout<<setprecision（9）<<a;	123.456789
cout<< setiosflags（ios :: fixed）;	123.456789
cout<<setiosflags（ios :: fixed）<<setprecision（8）<<a;	123.45678901
cout<<setiosflags（ios :: scientific）<<a;	1.234568e+02
cout<<setiosflags（ios :: scientific）<<setprecision（4）<<a;	1.2346e02

六、格式化输出函数 printf

int printf（const char*format, ...）函数把输出写入到标准输出流 stdout，并

根据提供的格式产生输出。

format 是一个简单的常量字符串，但是我们可以分别指定 %s、%d、%c、%f 等来输出 / 读取字符串、整数、字符或浮点数。同时也有许多其他可用的格式选项根据需要使用。

int printf（const char*format, ...）是在 stdio.h 中声明的一个函数，因此使用前必须加入"#include <stdio.h>"。使用它可以向标准输出设备（如屏幕）输出数据。

下面主要介绍整数和字符及字符串的输出格式。

1. 整数

整数的输出格式见表 2.24。

表 2.24　整数的输出格式

格式符	功能
%d	整数的参数会被转成有符号的十进制数字
%u	整数的参数会被转成无符号的十进制数字
%o	整数的参数会被转成无符号的八进制数字
%x	整数的参数会被转成无符号的十六进制数字，并以小写 a、b、c、d、e、f 表示
%X	整数的参数会被转成无符号的十六进制数字，并以大写 A、B、C、D、E、F 表示
%f	double 型的参数会被转成十进制数字，并取到小数点后六位，四舍五入
%e	double 型的参数以指数形式打印，有一个数字会在小数点前，六位数字在小数点后，而在指数部分会以小写的 e 来表示
%E	与 %e 作用相同，唯一区别是指数部分将以大写的 E 来表示

2. 字符及字符串

字符及字符串的输出格式见表 2.25。

表 2.25　字符及字符串的输出格式

格式符	功能
%c	整型数的参数会被转成 unsigned char 型打印出来
%s	指向字符串的参数会被逐字输出，直到出现 NULL 字符为止
%p	如果参数是 "void *" 型指针，则使用十六进制格式显示

3. 输出整型变量

复制并运行以下程序，看看结果如何。

```c
#include <stdio.h>
int main()
{
    int testInteger = 5;
    printf("Number = %d", testInteger);
    return 0;
}
```

编译并运行上述程序，输出结果如下：

```
Number = 5
```

【提示】

在 printf（）函数的引号中使用 %d（整型）来匹配整型变量 testInteger 并输出到屏幕。

4. 输出浮点型数据

格式化输出浮点型数据的例子，复制并运行以下程序，看看结果如何。

```c
#include <stdio.h>
int main()
{
    float f;
    printf("Enter a number:");
    // %f 匹配浮点型数据
```

```
    scanf("%f",&f);
    printf("Value = %f", f);
    return 0;
}
```

编译并运行上述程序，输出结果如下：

```
Enter a number: 2.34
Value = 2.340000
```

【提示】

在 printf（ ）函数的引号中使用 %f（实型）来匹配实型变量 f 并输出到屏幕。

七、格式化输入函数 scanf

相对于 printf 函数，scanf 函数就简单得多。scanf 函数的功能与 printf 函数正好相反，用于执行格式化输入功能。即 scanf 函数从格式串的最左端开始，每遇到一个字符便将其与下一个输入字符进行"匹配"，如果二者匹配（相同）则继续，否则结束对后面输入的处理；每遇到一个格式说明符，便按该格式说明符所描述的格式对其后的输入值进行转换，然后将其存于与其对应的输入地址中。依此类推，直到格式串结束为止。

现在我们通过下面这个简单的实例来加深理解。

```
#include <stdio.h>
int main()
{
    char str[100];
    int i;
    printf("Enter a value :");
    scanf("%s %d", str, &i);
    printf("\nYou entered: %s %d", str, i);
    printf("\n");
```

```
    return 0;
}
```

当上面的代码被编译和执行时，它会等待您输入一些文本，当您输入一个文本并按下回车键时，程序会继续并读取输入，显示如下：

```
Enter a value:test 123
You entered: test 123
```

在这里应当指出，scanf（）期待输入的格式与我们给出的 %s 和 %d 相同，这意味着我们必须提供有效的输入，比如"string integer"。如果提供的是"string string"或"integer integer"，它会被认为是错误的输入。另外，在读取字符串时，只要遇到一个空格，scanf（）就会停止读取，所以"this is test"对 scanf（）来说是三个字符串。

八、练习

练习1 输出超级玛丽场景

【题目描述】

超级玛丽是一个非常经典的游戏。请你用字符画的形式输出超级玛丽中的一个场景。

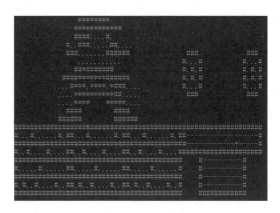

练习2 下列程序段的输出结果为（   ）。

```
float x=213.82631;
printf("%3d",(int)x);
```

A. 213.826   B. 213.83   C. 213   D. 3.8

练习 3 108802. 打印 ASCII 码

【题目描述】

输入一个除空格以外的可见字符（保证在函数 scanf（）中可使用格式说明符 %c 读入），输出其 ASCII 码。

【输入输出样例】

输入样例	输出样例
A	65

【输入格式】

一个除空格以外的可见字符。

【输出格式】

一个十进制整数，即该字符的 ASCII 码。

第六节　顺序结构综合实战

练习 1 105347. 数字反转

【题目描述】

输入一个不小于 100 且小于 1 000，同时包括小数点后一位的一个浮点数，例如 123.4，要求把这个数字翻转过来，变成 4.321 并输出。

【输入格式】

一行一个浮点数。

【输出格式】

一行一个浮点数。

【输入输出样例】

输入样例	输出样例
123.4	4.321

练习 2　105350. 三角形面积

【题目描述】

一个三角形的三个边长分别是 a、b、c，那么它的面积为 $S = \sqrt{P(P-a)(P-b)(P-c)}$，其中 $P = \dfrac{(a+b+c)}{2}$。输入这三个数字，计算三角形的面积，四舍五入精确到 1 位小数。应保证能构成三角形，$0 \leqslant a$, b, $c \leqslant 1\,000$，每个边长输入时不超过 2 位小数。

【输入格式】

一行三个数。

【输出格式】

一行一个浮点数。

【输入输出样例】

输入样例	输出样例
3 4 5	6.0

练习 3　100469. 小玉买文具

【题目描述】

班主任给小玉一个任务：到文具店里买尽量多的签字笔。已知一只签字笔的价格是 1 元 9 角，而班主任给小玉的钱是 a 元 b 角，小玉想知道，她最多能买多少只签字笔？

【输入格式】

输入只有一行的两个整数，分别表示 a 和 b。

【输出格式】

输出一行一个整数，表示小玉最多能买多少只签字笔。

【输入输出样例】

输入样例	输出样例
10 3	5

【说明】

对于全部的测试点，保证 $0 \leqslant a \leqslant 10^4$，$0 \leqslant b \leqslant 9$。

练习 4   105349.上学迟到

【题目描述】

于洪亮的学校要求早上 08：00 前到达。学校到于洪亮的家一共有 s（$s \leqslant 10\,000$）米，而于洪亮以 v（$v < 10\,000$）米每分钟的速度匀速走到学校。此外在上学路上他还要额外花 10 分钟的时间进行垃圾分类。请问为了避免迟到，于洪亮最晚什么时候出门？输出 HH:MM 的时间格式，不足两位时补零。由于路途遥远，于洪亮可能不得不提前出发，但不可能提前超过一天。

【输入格式】

输入两个正整数 s、v，意思已经在题目中给定。

【输出格式】

HH:MM 表示最晚离开家的时间。

【说明】

时：分必须输入两位，不足两位的前面补 0。

【输入输出样例】

输入样例	输出样例
100 99	07:48

练习 5　108853.计算邮资

【题目描述】

邮寄包裹时，根据邮件的质量和用户是否选择加急计算邮费。计算规则：质量在 1 千克以内（包括 1 千克），基本费用为 8 元。超过 1000 克的部分，每 500 克加收超重费 4 元，不足 500 克的部分按 500 克计算；如果用户选择加急，多收 5 元。

【输入格式】

输入一行，包含整数和一个字符，并以一个空格分开，分别表示质量（单位为克）和是否加急。如果字符是y，说明选择加急；如果字符是n，说明不加急。

【输出格式】

输出一行，包含一个整数，表示邮费。

【输入输出样例】

输入样例	输出样例
1 200 y	17

练习 6　100473.小鱼的游泳时间

【题目描述】

奥运会要到了，小鱼在拼命练习游泳准备参加游泳比赛，可怜的小鱼并不知道鱼类是不能参加人类的奥运会的。

这一天，小鱼给自己的游泳时间做了精确的计时（本题中的计时都按 24 小时制计算），它发现自己从 a 时 b 分一直游泳到当天的 c 时 d 分，请你帮小鱼计算一下，它这天一共游了多少时间呢？

小鱼游得好辛苦呀，你可不要算错了哦。

【输入格式】

一行内输入 4 个整数，分别表示 a、b、c、d。

【输出格式】

一行内输出 2 个整数 e 和 f，用空格间隔，依次表示小鱼这天一共游了多少小时、多少分钟。其中表示分钟的整数 f 应该小于 60。

【输入输出样例】

输入样例	输出样例
12 50 19 10	6 20

练习7　108803.分糖果

【题目描述】

某幼儿园里，有 5 个小朋友，编号分别为 1、2、3、4、5，他们按自己的编号顺序围坐在一张圆桌旁。他们每人身上都有若干糖果（键盘输入），现在他们做一个分糖果游戏。从 1 号小朋友开始，将自己的糖果均分成三份（如果有多余的糖果，则立即吃掉），自己留一份，其余两份分给他相邻的两个小朋友。接着 2 号、3 号、4 号、5 号小朋友同样这么做。问：一轮后，每个小朋友手上分别有多少糖果？

【输入格式】

8 9 10 11 12

【输出格式】

11 7 9 11 6

【输入输出样例】

输入样例	输出样例
8 9 10 11 12	11 7 9 11 6

【知识加油站】

计算机天才艾伦·麦席森·图灵

艾伦·麦席森·图灵（Alan Mathison Turing，1912—1954），英国数学家、逻辑学家，被称为计算机科学之父，人工智能之父。

1931 年图灵进入剑桥大学国王学院，毕业后到美国普林斯顿大学攻读博士学位。第二次世界大战爆发后回到剑桥。后曾协助军方破解德国的著名密码系统 Enigma，帮助盟军取得了二战的胜利。

1936 年，图灵在伦敦权威的数学杂志发了一篇论文，题为《论数字计算在决断难题中的应用》。在这篇开创性的论文中，图灵给"可计算性"下了一个严格的数学定义，并提出著名的"图灵机"的设想。"图灵机"与"冯·诺伊曼机"齐名，被永远载入计算机的发展史中。

图灵对于人工智能的发展有诸多贡献。他提出了一种用于判定机器是否具有智能的试验方法，即图灵试验，至今每年都有该试验的比赛。此外，图灵提出的著名的图灵机模型也为现代计算机的逻辑工作方式奠定了基础。

第三章 分支结构程序设计

第一节 算 法

一、算法的概念

我们都知道，计算机可以快速地解决很多问题。其实它内部储存着由许多步骤或过程组成的程序，它们就是解决问题算法（Algorithm）。算法主要包括两个方面内容：控制程序的执行和控制程序的执行顺序。

我们可以这样理解算法，例如执行"早上起床，准备去上学"的程序，它包括的算法操作如下：

起床，洗漱，脱睡衣，穿衣，吃早饭，乘车

操作的正确顺序：起床→洗漱→脱睡衣→穿衣→吃早饭→乘车。

假如顺序操作错误，例如：起床→洗漱→脱睡衣→穿衣→乘车→吃早饭。

这样结果就是我们只能在去学校的路上吃早饭了。所以，可以看出算法需要遵从"逻辑"，即

程序＝算法＋数据结构

计算机里一个完整的程序是算法加数据结构，其中算法是程序的灵魂。比如前面的"上学算法"，如果选择的路径顺序错误，那么再怎么"走"也是行不通。算法的作用就是帮助程序走正确的道路。

二、选择好用的算法梳理工具

我们编写程序之前，要提前梳理算法的执行思路，梳理算法有两个特别好用的工具：伪代码和流程图。

伪代码用类似于规范代码的程序来梳理算法，而流程图使用图形梳理算法。

流程图是以特定的图形符号加上说明表示算法的图,是一种非常形象化的方法,又称为框图。

1. 伪代码

伪代码的作用是帮助"构思"程序,是一种非正式程序语言。伪代码类似于程序语言,但不拘泥于程序语法,仅用来梳理算法结构。

我们以一个例子加以说明,如图 3.1 所示。

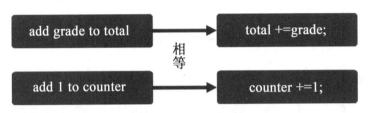

图 3.1 伪代码实例

给变量 total 加上 grade,伪代码语句"add grade to total"和程序语句"total + =grade;"是等价的;同样地,给 counter 加 1,伪代码语句"add 1 to counter"和程序语句"counter + =1"也是等价的。

伪代码可方便地变为执行语句,使被描述的算法可以容易地以任何一种编程语言(C++、C、Java 等)实现。因此,伪代码必须具有结构清晰、代码简单、可读性好的特点。

2. 流程图

流程图是一种常用的描述算法的图形化工具,用流程图来描述算法可以让他人快速理解算法的过程和步骤。俗话说,一张图胜过千言万语,相对文字来说图更引人入胜,使用流程图与他人进行算法的沟通和交流也非常方便。

那么该用哪些图形符号绘制流程图呢?常用的流程图符号有以下五种:

(1)开始 / 结束框:表示算法的开始或结束。

(2)输入 / 输出框:表示算法中数据的输入和输出。

(3)处理框:表示算法中执行的每一个步骤,矩形框内可以添加过程说明。

(4)判断框:表示算法中的条件判断,根据不同的条件,选择不同的执行路径。

（5）流程线符号：表示算法中步骤在流程中的走向，用带箭头的直线表示。流程图符号如图 3.2 所示。

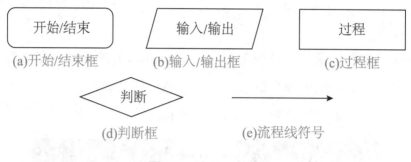

(a)开始/结束框　　　(b)输入/输出框　　　(c)过程框

(d)判断框　　　　　(e)流程线符号

图 3.2　流程图符号

三、基本控制结构

万变不离其宗，计算机里的程序通常离不开算法的三种基本控制结构，掌握了算法，就算真正走进编程的大门啦，快来试试吧！

1. 三种基本控制结构

算法由顺序结构、分支结构和循环结构三种基本控制结构组成。

（1）顺序结构。绘制的流程图就是顺序结构。顺序结构是最简单的，也是最常用的程序结构，只要按照解决问题的顺序写出相应的语句即可，它的执行顺序是自上而下依次执行的。前面章节中接触到的程序大部分都是顺序结构。

（2）分支结构，又称为选择结构、条件语句等。分支结构用来对给定的条件进行判断，根据判断的结果执行不同的分支语句，以便控制程序的流程。

（3）循环结构，又称为重复结构。循环结构用来对循环条件进行判断，如果条件成立，反复执行循环体语句；如果不成立，立即结束循环。充分利用了计算机运算速度快和自动执行的优点，减少了源程序重复编写的工作量。

无论使用 C++ 程序解决多么复杂的问题，其中的算法均由顺序、分支和循环三种基本控制结构组合而成。

2. 三种基本控制结构的流程图

以在"上学算法"为例，顺序结构、分支结构和循环结构三种基本控制结构的流程图如图 3.3 所示。

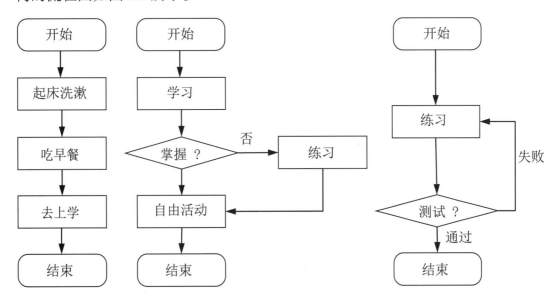

图 3.3 三种基本控制结构的流程图

从图 3.3 可以很明显地看出，顺序结构是自上而下依次执行；分支结构是根据给定的条件进行判断而作出分支的一种结构，流程图中必定包括一个判断框，满足条件时执行一个处理框，不满足条件时则执行另一个处理框；循环结构是描述重复执行操作的控制结构，同样也有判断框，通过对判断框里条件进行判断，满足条件时重复执行某些步骤，直到不满足条件时跳出循环。

3. 堆叠与嵌套

C++ 程序中所有算法都由三种基本控制结构组成。程序运行的奥秘就在于三种基本控制结构的组合方式，常见的组合方式有两种：堆叠（Stacking）和嵌套（Nesting）。

（1）堆叠是将一种结构叠在另一种结构上。如图 3.4 所示，先是列出顺序结构，然后加入分支结构，使两种结构连接起来。

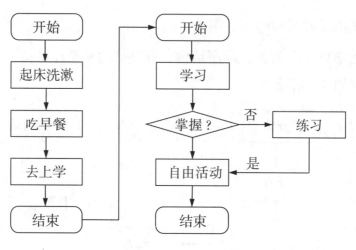

图 3.4 堆叠

（2）嵌套是指在已有的结构中嵌入一种结构。如图 3.5 所示，在分支结构的一个分支里面又嵌入了一个循环结构。

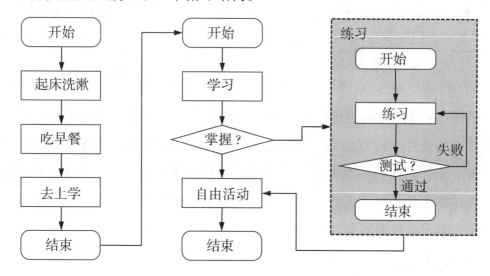

图 3.5 嵌套

你能看出堆叠和嵌套的区别吗？其实，堆叠是将一种结构叠在另一种结构之上，而嵌套是指在已有的结构中嵌入一种结构。

四、分支结构

学到这里，很多同学肯定都想尝试编写自己的程序，同学们暂且不要着急，前面我们已经认识了三大基本控制结构之一——顺序结构，让我们跟着顺序结构的脚步，再去仔细了解一下分支结构。

例 3.1　除法的运算

【题目描述】

定义两个整型变量 a 和 b，一个双精度浮点型 d。输入 a、b，再用 a 除以 b，将得到的值赋予 d 并输出。

【输入输出样例】

输入样例	输出样例
3 1	3/1 = 3.000000

同学们会自然而然地想到利用顺序结构解决这个问题，并且能很快地计算出结果。

【参考程序】

```c
#include <stdio.h>
int main( )
{
    int a, b;
    double d;
    scanf("%d%d", &a, &b);
    d = (double) (a) / b;
    printf("%d/%d = %f\n", a, b, d);
    return 0;
}
```

但仔细观察程序，我们很快会发现程序的漏洞，如果输入的是 3 和 0，结果程序运行出现了错误，那该如何解决这个问题呢？

```
3 0
3/0 = 1.#INF00
```

原来，数学中 0 是不能作为除数的，但计算机并不会识别出来，只会表现为程序运行错误。那么如何避免出现运行错误呢？

其实，当顺序结构无法解决这个问题时，我们可以尝试使用分支结构。原来并非所有的程序语句都要被顺序执行，我们希望满足某一种条件就执行这部分语句，满足另一条件就执行另一部分语句。比如在解决上述问题时，我们可以这样处理：仅当 b ≠ 0 时，执行除法；否则不执行。

分支结构适用于带有逻辑或关系比较等条件判断的计算。在解决这个问题时，首先绘制这个题的流程图，然后根据流程图修改原始源程序，问题就迎刃而解了！你会解决这类问题了吗？快打开软件试一试吧！

例 3.2　完善后的除法运算

【题目描述】

定义两个整型变量 a 和 b，一个双精度浮点型 d。输入 a、b，再用 a 除以 b，将得到的值赋予 d 并输出。

【输入输出样例】

输入样例	输出样例
3　0	除数不能为零，请重新输入！

【参考程序】

```cpp
#include <iostream>
using namespace std;
int main( )
{
    int a, b;
    double d;
    scanf("%d%d", &a, &b);
    if(b==0){
        cout<<" 除数不能为零，请重新输入！ ";
        return 0;
    }
    d = (double) (a) / b;
    printf("%d/%d = %f\n", a, b, d);
```

```
    return 0;
}
```

【分析】

在顺序结构的基础上，增加了分支结构的应用，若除数为 0，则输出"除数不能为零，请重新输入！"，并结束程序。

【运行结果】

```
3 0
除数不能为零，请重新输入！
```

五、练习

练习1　108854.最大数输出

【题目描述】

输入三个整数，数与数之间以一个空格分开。输出一个整数，即最大整数。

【输入格式】

输入为一行，包含三个整数，数与数之间以一个空格分开。

【输出格式】

输出一行，包含一个整数，即最大整数。

【输入输出样例】

输入样例	输出样例
10 20 56	56

练习2　108863.判断大小

【题目描述】

输入两个整数 a，b，如果 a 大于 b，输出 big；如果 a 小于 b，输出 small；如果 a 等于 b，输出 equal。

【输入输出样例】

输入样例	输出样例
11 33	small

【知识加油站】

使用 Dev C++ 软件时，我们准备了一些常用的编辑文本快捷键，它们是加快我们编程速度的利器哦！快动手试试吧！

Dev C++ 编辑文本小技巧	
Ctrl+ 方向键左或右	Ctrl + 方向键上或下
Ctrl + Home 键	Ctrl + End 键
Ctrl + d	Ctrl + e
Ctrl + PageUp	Ctrl + PageDown

◆ Ctrl+ 方向键左或右

使光标在标记和数字之间跳转，这里的跳转会忽略掉标记或数字之间的各种符号，仅在你打出的 a，b，c 字母组成的标记或数字之间来回跳转。

◆ Ctrl + 方向键上或下

使光标保持在当前位置不动，进行上、下翻页，翻页按一行一行进行。

◆ Ctrl + Home 键

使光标跳转到当前文本的开头处。

◆ Ctrl + End 键

使光标跳转到当前文本的末尾处。

◆ Ctrl + d

删除光标当前所在位置上一整行的文本。

◆ Ctrl + e

复制光标当前所在位置上一整行的内容，并粘贴到刚才复制行所在位置的下一行上，不是覆盖原先下一行的文本，而是将复制的内容插入光标所在行和下一行之间的位置。

◆ Ctrl + PageUp

使光标跳到当前代码编辑视窗的顶行首个文本字符之后，注意不是整个文本的首行。

◆ Ctrl + PageDown

同上，只是在当前视窗末行的相同位置处。

第二节 if 分支语句

一、C++ 中的分支结构

分支结构主要是根据给定的条件进行判断而做出分支的一种结构，通过对判断框条件的判断，满足条件时执行一个处理框，不满足条件时执行另一个处理框。典型的分支结构流程图如图 3.6 所示。

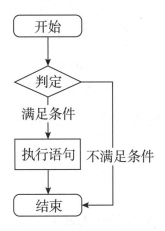

图 3.6 分支结构流程图

根据分支结构流程图，C++ 提供了以下类型的分支语句（表 3.1），接下来给大家一一介绍。

表 3.1 分支语句

分支语句	描述
if 分支语句	一个 if 分支语句由一个布尔表达式后跟一个或多个语句组成
if...else 语句	一个 if 分支语句后可跟一个可选的 else 语句，else 语句在布尔表达式为假时执行
嵌套 if 分支语句	可以在一个 if 或 else if 分支语句内使用另一个 if 和 else if 分支语句
switch 语句	一个 switch 语句允许测试一个变量等于多个值时的情况
嵌套 switch 语句	可以在一个 switch 语句内使用另一个 switch 语句

二、if 分支语句

1. if 分支语句的基本结构

其实在"除法的运算"一题中就已经出现 if 分支语句，if 分支语句的基本结构如下：

```
if（条件表达式）
{
    语句1；
    ······
}
```

其中，条件表达式就是把判断条件用关系式的方式表达出来，比较常见的为两个部分比较大小。例如，a>0，a+10<=b。

如果条件表达式的值为真，即条件成立，语句 1 及括号内的其他语句将被执行。否则，括号内的语句将被忽略，程序将按顺序执行整个分支结构之后的下一条语句。

2. 实例

当 *a* 加 *b* 不等于零时，令程序输出 Hello！我们发现这个程序有两个解法，都能输出正确结果。聪明的你发现其中的奥秘了吗？

```
if(a+b)                         if{(a+b)!=0}
    cout<<"Hello"<<endl;            cout<<"Hello"<<endl;
```

其实在 if 分支语句中，当条件表达式的取值为非 0 时，均显示 true，即表示条件为真。只有取值为 0 时，才表示条件为假。需要注意的是，当值为负数时，条件表达式也为真。

在以上两种解法中，均能满足条件表达式 "a+b" 不等于 0，那么就执行语句，输出 "Hello"，只是左边的解法没有明确表示表达式不等于 0 这一条件，而右边则明确表示出表达式不等于 0。虽然两者结构相同，但一般而言，日常编写程序推荐采用右边的解法，因其能明确表达出程序的执行思想，没有歧义，增加了程序的可读性，符合良好的程序编写思路。

3. 不同形式的 if 分支语句

if 分支语句有许多衍生体，需要结合实际情况使用。if 分支语句不同形式如下：

```
if( 表达式 1){        if( 表达式 1){        if( 表达式 1){
语句组 1              语句组 1              语句组 1
}                    }                    }
                     else if( 表达式 2){    else{
                     语句组 2              语句组 2
                     }                    }
```

当 if 分支语句组只有一条语句，可以省略花括号 {}，也能达到正常操作的效果。同样地，还可以省略 else if 或 else，真是太神奇了！例如，下面的代码，当 $n>4$ 时输出 n，没有采用 else if 和 else。你发现这个秘密了吗？快编程尝试一下吧！

```
if(n>4)
print("%d",n)
```

三、if...else 分支语句

假设考试成绩大于等于 60 分为通过，否则为不通过。如何利用 C++ 编程实现这个程序？

结合前面学习的知识，我们发现解决这个问题需要判断成绩是否大于等于 60，则程序伪代码如下，解决问题的流程图如图 3.7 所示。

```
if a student's grade is greater than or equal to 60
    output "Passed"
  else
    output "Failed"
```

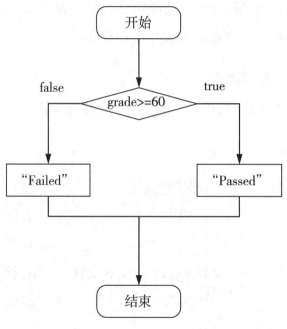

图 3.7　解决问题的流程图

根据判断结果产生两个执行路径，那么究竟该如何编写 C++ 程序呢？

1. if...else 分支语句基本结构

通过判断条件为 false（0）或 true（非 0）时采取不同执行路径，可以使用 if 分支语句的衍生 if...else 分支语句解决这个程序问题。

if...else 分支语句基本结构如下所示：

```
if（条件表达式）// 如果条件成立
{
    语句1;  // 条件真时执行
}
```

```
else // 否则
{
    语句 2；// 条件假时执行
}
```

2. if...else 的具体实现

在具体程序代码编写中，第一步声明头文件，命名空间 std 内定义的所有标识符都有效；第二步定义主函数，在主函数里首先利用顺序结构定义变量 grade（分数）和输出 "input the grade（输入分数：）"，然后用 cin 读入 grade；接下来执行分支结构，利用 if...else 分支语句判断条件是否大于等于 60，如果是则输出 Passed，否则输出 Failed；最后运行 return 0 代表主函数结束。你能理解程序编写步骤吗？快去试着编写一下吧！

参考程序代码如下所示：

```cpp
#include <iostream>
using namespace std;
int main( )
{
    int grade;
    cout<<"Input the grade:";
    cin>>grade;
    if(grade >= 60)
        cout<<"Passed"<<endl;
    else
        cout<<"Failed"<<endl;
    return 0;
}
```

3. if...else 分支语句与条件运算符

观察 if...else 分支语句，发现这个语句的实现效果与条件运算符是一样的，你们发现了吗？

条件运算符的语法格式如下：

```
condition? expression1:expression2
```

条件运算符是 C++ 语言三元（三目）运算符，能简化 if...else 分支语句描述。条件运算符的执行逻辑是先求解表达式 condition，若其值为真，则将表达式 expression1 的值作为整个表达式的取值；否则将表达式 expression2 的值作为整个表达式的取值。比如下面的程序化简后，输出一个字符串表示：如果分数大于等于 60 就输出 Passed，否则输出 Failed，以下语句是等价的：

```
cout<<(grade >= 60?"Passed":"Failed")<<endl;
grade >= 60?cout<<"Passed":cout<<"Failed"<<endl;
```

可以把 expression1 和 expression2 写成操作，即上述语句中最后一行的写法，将 cout 也写进 expression 里。所以很容易发现，条件运算符就是 if...else 分支语句的简化。

例 3.3　判断奇偶

【题目描述】

输入一个整数，如果是奇数，则输出 "It's odd."；如果是偶数，则输出 "It's even."。

【输入输出样例】

输入样例	输出样例
3	It's odd.

【参考程序】

```
#include <iostream>
using namespace std;
```

```
int main( ) {
    int n;
    scanf("%d",&n);
    if( n % 2 == 1)
        printf("It's odd.\n") ;
    else
        printf("It's even.\n") ;
    return 0;
}
```

【分析】

这道题的代码基本上与前面判断是否及格类似。关键区别在于分支结构中判断语句的编写，在这个程序里我们使用取余运算判断一个整数是奇数还是偶数。

【运行结果】

```
3
It's odd.
```

四、嵌套 if 分支语句

当遇到的程序问题属于"向左走，向右走"这样二选一的问题时，可以使用 if...else 分支语句，但如果遇到的是"十字路口"问题，会有四种选择，这个时候该如何编写程序呢？

当遇到四选一或多选一的程序问题时，可以选择使用嵌套 if 分支语句，在 C++ 里，它是合法的，这意味着可以在一个 if 或 else if 分支语句内使用另一个 if 或 else if 分支语句，其包含以下两种衍生框架：

（1）基本框架一：适用于三选一的情况。

```
if（条件1）{                        if（条件1）
    if（条件2）                          语句1; // 满足条件1
        语句11;                      else{
// 条件1和条件2都满足                       if（条件2）
    else                                语句21;
        语句12;                     // 不满足条件1，满足条件2，
// 满足条件1，不满足条件2                    else
}                                       语句22;
else                            // 不满足条件1，也不满足条件2
    语句2; // 不满足条件1           }
```

（2）基本框架二：适用于四选一的情况。

```
if（条件1）
{
    if（条件2）
        语句11; // 满足条件1，也满足条件2
    else
        语句12; // 满足条件1，不满足条件2
}
else
{
    if（条件3）
        语句21; // 不满足条件1，满足条件3
    else
        语句22; // 不满足条件1，也不满足条件3
}
```

例 3.4 网络学习平台登陆

【题目描述】

在"网络学习平台登陆"游戏中，登录的用户名和密码都是六位数，如果用户名和密码都输入正确，则输出欢迎语句 welcome；如果用户名错误，则输出 wrong name；如果在用户名正确的情况下密码错误，则输出 wrong password。下面让我们编写模拟登陆环节的程序吧！

测试所用的用户名：123456，密码：654321。

【输入输出样例】

输入样例	输出样例
123456 654321	welcome

【参考程序】

```cpp
#include <iostream>
using namespace std;
int main( )
{
    int A=123456,B=654321;
    int a,b;
    cin>>a>>b;
    if(a==A){
        if(b==B)
            cout<<"welcome";
        else
            cout<<"wrong name";
    }
    else
        cout<<"wrong password";
    return 0;
```

```
        }
```

【运行结果】

```
123456 654321
welcome
```

五、if 分支语句常见错误

"好记性不如烂笔头"，让我们一起总结 if 分支语句使用时常见的错误吧！

错误 1：这个程序的输出结果有点怪。

```
int a=0;
if(a=0)
printf("hello");
```

聪明的你看出这个程序的问题了吗？为什么说输出结果有点怪呢？哦，原来这个程序运行结果应是没有输出，你知道为什么吗？

因为在 if 后面的判断语句中 "=" 是赋值符号，前面我们学过赋值表达式的返回值是赋值符号左边 a 的值，所以赋值表达式 "a=0" 表示将 0 赋予 a 的意思。这个括号里判断语句的值是 0，条件判断结果为 false，不会执行语句，程度运行结果就不会有输出。

错误 2：这个程序有问题，需要改进。

```
int a=0;
if(a==0)
printf("hello");
if(a=5)
printf("Hi");
```

我们一起看一下这个程序的运行过程：第一个 if 的判断语句是在判断 a 是否等于 0。如果是，那么条件判断结果为 ture，执行判断输出 hello。第二个 if 判断语句，if 的括号里面是将 5 赋予 a，a 的值变为 5，不等于 0，条件判断结果为 ture，输出 Hi，最终程序输出结果将是 hello Hi。可以看出这是两个 if 分支语句形成一个顺序结构，先后执行，依次输出。

这个程序中出现了互相矛盾的多个条件，所以我们编写程序时就需要注意：如果希望只执行其中一个分支，应该用一个 if 和多个 else if 分支语句组成，尽量不要编写多个 if 分支语句。

从程序运行速度角度来说，编写多个 if 分支语句时，类似于顺序结构，每个语句都需要判断执行一次，而用 else if 分支语句是在条件不满足的情况下执行另一个分支，程序运行效率更快。除此之外，当分支语句中的操作会影响条件判断结果时，这两种程序执行情况是不一样的。

```cpp
int a=0;                          int a = 0
if (a >=0 && a < 5)               if (a >= 0 && a < 5)
   a=8;                              a=8;
else if (a >=5 && a < 10)         if(a >= 5 && a < 10)
   cout << "hello";                  cout << "hello";
else if (a >=10 && a < 20)        if (a >=10 && a < 20)
   ……                              ……
else                              if (a >= 20)
   ……                              ……
```

如上面两个程序的对比，左边的程序中 a 初始化为 0，如果 a 大于等于 0 且小于 5，就赋值为 8；否则如果 a 大于等于 5 并且小于 10，就输出 hello，否则……只有满足这些语句中唯一条件才会执行一次，比如进入第一个分支，a 值为 8，那就不会进入第二个分支，也不会输出 hello。

右边的程序执行则非常不一样，在第一个 if 分支语句条件判断中，如果 a 大于等于 0 且小于 5，那么 a 赋值为 8，接下来的 if 分支语句依然会继续执行，因为这些语句是堆叠而不是并列关系，新赋值后的 a 为 8，符合第二个 if 的判断，就会输出 hello。

六、练习

练习1　104014.闰年问题

【题目描述】

小哈最近学习了闰年的判断方法：自 1582 年以来，400 倍数的年份是闰年，是 100 倍数但不是 400 倍数的年份不是闰年，不是 100 倍数但是为 4 倍数的年份是闰年。小哈考考你，判断任意年份是否为闰年。

【输入格式】

输入为一行，一个正整数。

【输出格式】

输出一个数字（如果是闰年输出 1，不是闰年输出 0）。

【输入输出样例】

输入样例	输出样例
2 000	1

练习 2　108862. 健康问题

【题目描述】

BMI 指数是国际上常用的衡量人体胖瘦程度的一个标准，其算法为 m/h^2（$40 \leqslant m \leqslant 120$，$1.4 \leqslant h \leqslant 2.0$），其中 m 是指体重（千克），h 是指身高（米）。不同体型范围与判定结果如下：

—BMI 指数小于 18.5：体重过轻，输出 Underweight。

—BMI 指数大于等于 18.5 且小于 24：正常体重，输出 Normal。

—BMI 指数大于等于 24：肥胖，输出 Overweight。

现在给出体重和身高数据，需要根据 BMI 指数判断体型状态并输出对应的判定结果。

【输入输出样例】

输入样例	输出样例
70 1.72	Normal

【知识加油站】

我们使用 Dev C++ 软件时，这里有一些常用的编辑文本快捷键，这些是加快我们编程速度的利器哦！快动手试试吧！

Dev C++ 编辑文本快捷键	
Ctrl+/	Ctrl+Shift+ 方向键左或右
Ctrl+Space	Ctrl+Shift+ 方向键上或下
Shift+ 方向键左或右	Shift+Ctrl+g
Shift+ 方向键上或下	关于 Tab 键对选中区域的退格

◆ Ctrl+/

选中一行代码，按【Ctrl+/】可以通过给该行前面添加"//"的方式注释代码，再次按下则会取消注释。如果已经选中一个区域的文本，那么会给这个区域的每一行都加上"//"注释，再次按下会取消注释。还有一种注释的组合键【Ctrl+.（英文句点）】，但不能通过再次按下撤销注释。虽然 Dev C++ 的说明中有一个【Ctrl＋,（英文逗号）】用于取消注释，但实际使用后没有效果。

◆ Ctrl+Space

在 Dev C++ 编辑器中按【Ctrl+ 空格】可以随时激活代码补全功能。它可以根据程序提示所有可能的指令，从而提高编程效率。

◆ Shift+ 方向键左或右

按住此快捷键，从当前光标所在位置处开始，逐个字符地选取文本，选中字符包括字母和符号。

◆ Shift+ 方向键上或下

按住此快捷键，从当前光标所在位置处开始，整行整行地选取文本。如果光标不在当前所在行的行首或行尾，则不会自动选中这一整行，只选取由光标划分开的那一部分。

◆ Ctrl+Shift+ 方向键左或右

按住此快捷键，逐个单词地选取文本，但会忽略符号，只是在单词和数字之间进行选取。

◆ Ctrl+Shift+ 方向键上或下

按住此快捷键，选中光标当前所在的行，然后将此行进行上移或下移，移动操作不会覆盖上下相邻的行，只是将它们的位置进行对调。

◆ Shift+Ctrl+g

按住此快捷键，弹出对话框，输入要跳转的函数名。

◆关于 Tab 键对选中区域的退格

如果选中了某一行中的文本，则选中的文本将会被 Tab 退格代替。 如果选中了两行或以上的文本，所有被选中的文本前都将加上一个 Tab 退格。

第三节　switch 分支语句

一、switch 分支语句的概念

看以下程序，有什么简化的方法吗?

```
if( n % 5 == 0 )
{
......
}
else if(n % 5 == 1 )
{
......
}
else if( n % 5 == 2 )
{
......
}
else if( n % 5 == 3 )
{
```

```
    ......
    }
    else
    {
    ......
    }
```

在以上程序中，5 作除数取余的结果有五种：0、1、2、3、4。如果要用分支结构进行选择判断，if 后面的判断表达式会依次执行。也就是说，如果余数为 4，那么就会将前面"n%5==0""n%5==1""n%5==2""n%5==3"四个表达式全部判断一遍，而每次执行条件判断都需要计算一次"n%5"，这样反复执行重复条件判断会浪费时间。

那有没有什么方法可以解决重复问题，优化程序呢？原来分支结构中还包含另一种分支语句：switch 分支语句。在 switch 分支语句中允许出现测试一个变量等于多个值时的情况，每个结果称为一个 case，且被测试的变量会对每个 switch case 进行检查，可以避免重复执行条件问题的发生。

switch 分支语句流程图如图 3.8 所示。

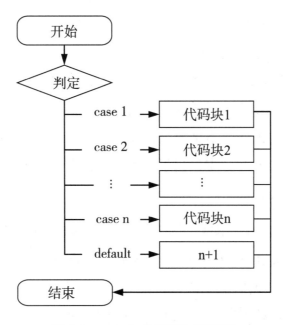

图 3.8　switch 分支语句流程图

二、switch 分支语句的语法

switch 分支语句的基本结构如下：

```
switch (表达式)
{
    case 常量表达式 1:
        语句组 1 break;
    case 常量表达式 2:
        语句组 2 break;
    case 常量表达式 n:
        语句组 n break;
    default:
        语句组 n+1;
}
```

switch 分支语句的执行流程是从 case 第一个常量表达式开始判断，不匹配则跳到下一个继续判断；遇到 break 则跳出 switch 语句；如果 case 一直不匹配则执行 default 内的语句组，即使一直未遇到 break 语句，也会执行 default 内的语句组，所以它一般是放在 switch 分支语句末尾。此处注意：case 语句后的"常量表达式"里面不能包含变量！

我们很快发现 switch 分支语句和 if...else 分支语句的区别与联系，switch 分支语句只能判断同一个表达式的不同取值，而 if...else 分支语句的每个分支语句都可以写自己的条件。不难看出，switch 分支语句可以被视为一种特殊的 if...else 分支语句，default 分支相当于最后的 else 分支。

三、switch 分支语句的限制规则

switch 分支语句也不是随意使用的，必须遵循以下限制规则。

（1）switch 分支语句中的表达式必须是一个整型、枚举类型或 class 类型。其中 class 有一个单一的转换函数将其转换为整型或枚举类型。

（2）在一个 switch 中可以包含任意数量的 case 语句，每个 case 语句后都得添加常量表达式和冒号。

（3）case 的常量表达式必须与 switch 中的变量具有相同的数据类型，且必须是一个常量或字面量。

（4）当 switch 分支语句中表达式的值与某一个 case 后面的常量表达式值相等时，就执行此 case 后面的语句。若所有 case 中的常量表达式值都没有与表达式值相匹配，就执行 default 后面的语句。

（5）各个 case（包括 default）的出现次序可以是任意的。在每个 case 分支都带有 break 的情况下，case 次序不影响执行结果。

（6）不是每一个 case 都需要包含 break 语句，如果 case 语句后不包含 break，控制流将会继续后续的 case，直到遇到 break 为止。

（7）一个 switch 语句可以有一个可选的 default case，出现在 switch 的结尾，default 语句在上面所有 case 都不为真时执行，同时 default case 中的 break 语句不是必需的。

四、siwtch 变戏法

了解了 switch 的语法和限制规则，我们可以利用 switch 分支语句来变戏法，将表示星期的数字转化为相应的英文单词，聪明的你也会吗？快来试试吧！

例 3.5　将星期的数字转化成单词

【题目描述】

将星期几的数字以整数类型作为输入。假设输入 1，则输出周一的英文单词 Monday；输入 2，则输出周二的英文单词 Tuesday……依此类推输入 7，则输出 Sunday；输入其他数，则输出 Illegal。

【输入输出样例】

输入样例	输出样例
2	Tuesday

你编写出这个程序了吗？没有写出来也没关系，下面为大家准备了主要参考程序，需要大家自行把程序补充完整哦！

【参考程序】

```
switch (input){
    case 1:
        printf("Monday"); break;
    case 2:
        printf("Tuesday"); break;
    case 3:
        printf("Wednesday"); break;
    case 4:
        printf("Thursday"); break;
    case 5:
        printf("Friday"); break;
    case 6:
        printf("Saturday"); break;
    case 7:
        printf("Sunday"); break;
    default:
        printf("Illegal");
}
```

【分析】

（1）我们在这个程序中使用 switch 分支语句，变量表达式里即为输入的整数类型的值，case 常量即为 1、2、3、4、5、6、7 等数字。

（2）注意一定要使用 break 跳出当前语句，否则会一直执行下去，直到结束。

【运行结果】

```
2
Tuesday
```

掌握了 switch 语句，下面来试着实现对输入等级的判定，假设输入 A 和 B 的等级，程序输出 Pass；输入 C 的等级，程序输出 Fail。

```cpp
#include <iostream>
using namespace std;
int main( )
{
    char ch;
    cin>>ch;
    switch(ch){
        case 'A':
        case 'B':
        case 'C':
            cout<<"Pass"<<endl;
        break;
    }
    return 0;
}
```

但是这个程序在执行时无论输入哪个等级，程序最终输出结果都是 Pass，究竟是哪里出问题了呢？

跟前面的程序实例做对比后，终于发现了问题所在，程序中 case 'A' 语句后面没加 break，那么输入 A 就会从该语句一直执行到 case 'C' 语句，然后执行 "cout<<"Pass"<<endl;" 语句，最终就会输出 Pass。程序中三个 case 字句共用一个语句组："cout<<"Pass"<<endl; break;"，所以无论输入哪个等级，最终输出结果均为 Pass。

五、嵌套 switch 分支语句

1. switch 分支语句嵌套 if 分支语句

阅读下面的程序，思考其实现了什么功能？

```cpp
#include <stdio.h>
```

```
int main( )
{
    char op;
    double x, y, r;
    scanf("%c%lf%lf", &op, &x, &y);
    switch(op){
        case '+':   r = x + y;  break;
        case '-':   r = x - y;  break;
        case '*':   r = x * y;  break;
        case '/':
            if(y != 0) // 除数不可以为 0
            {
                r = x / y;
                break;
            }
        default:
            printf("invalid expression: %f %c %f", x, op, y);
            return 1;
    }
    printf("%6.2f %c %6.2f = %12.4f", x, op, y, r);
    return 0;
}
```

程序中首先定义了一个字符型变量 op 和三个双精浮点型变量 x、y、r；op 作为 switch 的变量，当输入 op 时候，变量 x 和 y 可以进行相应的运算。当 op 为＋时，执行 x+y 赋值给 r；op 为－时，执行 x-y 赋值给 r；op 为＊时，执行 x*y 赋值给 r；但是在 op 为 / 时，case 语句里还有一个 if 分支语句对 y 进行判断，如果 y 不等于 0，就执行 x / y 赋值给 r。

原来 switch 分支结构里嵌套（包括）了 if 分支结构，可以确保整个程序的运行结果更精确。

【运行结果】

```
+ 1 2
  1.00 +   2.00 =       3.0000
```

2. switch 分支语句嵌套 switch 分支语句

既然 switch 分支语句可以嵌套 if 分支语句，那么 switch 分支语句内可以嵌套另一个 switch 分支语句吗？即使内部和外部 switch 的 case 常量包含共同的值，程序在执行中会产生矛盾吗？

可以采用简单的局部变量 a 和 b 来验证，程序如下：

```cpp
#include <iostream>
using namespace std;
int main ( )
{
    // 局部变量声明
    int a = 100;
    int b = 200;
    switch(a) {
        case 100:
            cout << "这是外部 switch 的一部分" << endl;
            switch(b) {
            case 200:
                cout << "这是内部 switch 的一部分" << endl;
            }
    }
    cout << "a 的准确值是 " << a << endl;
    cout << "b 的准确值是 " << b << endl;
```

```
    return 0;
 }
```

程序运行结果正常，原来 C++ 中的 switch 分支语句允许至少有 256 个嵌套层次，可以把一个 switch 作为一个外部 switch 的语句序列的一部分，即使内部和外部 switch 的 case 常量包含共同的值，也不会产生矛盾。

【运行结果】

这是外部 switch 的一部分

这是内部 switch 的一部分

a 的准确值是 100

b 的准确值是 200

六、练习

练习1 104231.月份天数

【题目描述】

输入年份和月份，输出这一年的这一月有多少天，需要考虑闰年。

【输出格式】

一行两个数字，分别为年份和月份。

【输入格式】

一行一个正整数。

【输入输出样例】

输入样例	输出样例
1926 8	31

练习 2 108850. 晶晶赴约会

【题目描述】

晶晶的朋友贝贝约她下周一起看展览，但晶晶每周的一、三、五有课，请帮晶晶判断她能否接受贝贝的邀请，如果能则输出 YES；如果不能则输出 NO。注意 YES 和 NO 均为大写字母！

【输入格式】

输入有一行，贝贝邀请晶晶去看展览的日期，用数字 1 到 7 表示从星期一到星期日。

【输出格式】

输出有一行，如果晶晶可以接受贝贝的邀请，输出 YES，否则输出 NO。

【输入输出样例】

输入样例	输出样例
2	YES
5	NO

【知识加油站】

#include 的用法详解

#include 称为文件包含命令，用来引入对应的头文件（.h 文件），是 C 语言预处理命令的一种。

#include 的处理过程很简单，就是将头文件的内容插入到该命令所在的位置，从而把头文件和当前源文件连接成一个源文件，这与复制、粘贴的效果相同。

#include 的用法有两种，如下所示：

```
#include <stdHeader.h>
#include "myHeader.h"
```

尖括号 <> 和双引号 "" 的区别在于头文件的搜索路径不同：

◆使用尖括号 <>，编译器会到系统路径下查找头文件。

◆使用双引号 ""，编译器首先在当前目录下查找头文件，如果没有找到，再到系统路径下查找。

也就是说，使用双引号比使用尖括号多了一个查找路径，它的功能更为强大。

前面我们一直使用尖括号来引入标准头文件，现在我们也可以使用双引号了，如下所示：

```
#include "stdio.h"
#include "iostream"
```

stdio.h 和 iostream 都是标准的头文件，它们存放于系统路径下，所以使用尖括号和双引号都能够成功引入。而我们自己编写的头文件，一般存放于当前项目的路径下，所以不能使用尖括号，只能使用双引号。

当然，你也可以把当前项目所在的目录添加到系统路径，这样就可以使用尖括号了。但是一般没人这么做，纯粹多此一举，费力不讨好。

在以后的编程中，大家既可以使用尖括号来引入标准头文件，也可以使用双引号来引入标准头文件。不过，大多数人的习惯是使用尖括号来引入标准头文件，使用双引号来引入自定义头文件（自己编写的头文件），这样一眼就能看出头文件的区别。

关于 #include 用法的注意事项：

◆一个 #include 命令只能包含一个头文件，多个头文件需要多个 #include 命令。

◆同一个头文件可以被多次引入，多次引入的效果和一次引入的效果相同，因为头文件在代码层面有防止重复引入的机制。

◆文件包含允许嵌套，也就是说在一个被包含的文件中又可以包含另一个文件。

第四节 分支结构综合实战

练习1 104232. 数的性质

【题目描述】

一些数字可能具有以下性质：

性质 1：是偶数；

性质 2：大于 4 且不大于 12。

小哈喜欢同时符合两种性质的数字；小顾喜欢至少符合其中一种性质的数字；小李喜欢刚好符合其中一种性质的数；胖达喜欢不符合这两种性质的数字。

【输入格式】

一行一个正整数 n。

【输出格式】

输出这 4 个人是否喜欢这个数字，如果喜欢输出 1，否则输出 0，用空格分隔。

输入样例	输出样例
13	0 0 0 1

练习2 100901. 三角函数

【题目描述】

输入一组勾股数 a、b、c（$a \leqslant b \leqslant c$），用分数格式输出其较小锐角的正弦值。（要求约分）

【输入格式】

一行，包含三个正整数，即勾股数 a、b、c（无大小顺序）。

输出格式：一行，包含一个分数，即较小锐角的正弦值。

【输入输出样例】

输入样例	输出样例
3 5 4	3/5

【说明】

数据保证：a、b、c 为正整数且 in$[1，10^9]$。

练习 3   105359. 三角形分类

【题目描述】

给出三条线段 a、b、c 的长度，均是不大于 10 000 的整数。打算把这三条线段拼成一个三角形，它是什么三角形呢？

如果三条线段不能组成一个三角形，输出 Not triangle。

如果是直角三角形，输出 Right triangle。

如果是锐角三角形，输出 Acute triangle。

如果是钝角三角形，输出 Obtuse triangle。

如果是等腰三角形，输出 Isosceles triangle。

如果是等边三角形，输出 Equilateral triangle。

如果这个三角形符合以上多个条件，请按以上顺序分别输出，并用换行符隔开。

【输入格式】

输入一行，包含三个正整数，即三条线段 a、b、c 的长度。

【输出格式】

输出一行，包含一个字符串，表示三条线段组成三角形的情况。

【输入输出样例】

输入样例	输出样例
3 4 5	Right triangle

练习 4 104463. 买铅笔

【题目描述】

陈老师需要去商店买 n 支铅笔作为小朋友们参加比赛的礼物。她发现商店一共有三种包装的铅笔，不同包装内的铅笔数量不同，价格也不同。为了公平起见，陈老师决定只买同一种包装的铅笔。

商店不允许将铅笔的包装拆开，因此陈老师可能需要购买超过 n 支铅笔才够给小朋友们发礼物。

现在陈老师想知道，在商店每种包装的铅笔数量都足够的情况下，要买够至少 n 支铅笔最少需要花费多少钱。

【输入格式】

第一行包含一个正整数 n，表示需要的铅笔数量。接下来三行，每行用 2 个正整数描述一种包装的铅笔：其中第一个整数表示这种包装内铅笔的数量，第二个整数表示这种包装的价格。保证所有的七个数都是不超过 10 000 的正整数。

【输出格式】

一个整数，表示陈老师最少需要花费的钱。

【输入输出样例】

输入样例	输出样例
5 7 2 2 50 30 30 27	54

练习 5 108857. 点和正方形的关系

【题目描述】

有一个正方形，四个角的坐标 (x, y) 分别为 $(1, -1)$，$(1, 1)$，$(-1, -1)$，$(-1, 1)$，x 是横坐标，y 是纵坐标。编写一个程序，判断一个给定的点是否在这个正方形内（包括正方形边界）。如果点在正方形内，则输出 yes，否则输出 no。

【输入格式】

输入一行，包括两个整数 x、y，以一个空格分开，表示坐标 (x, y)。

【输出格式】

输出一行，如果点在正方形内，则输出 yes，否则输出 no。

【输入输出样例】

输入样例	输出样例
1 1	yes

第四章　循环结构程序设计

第一节　循环结构之 while 循环

一、高斯求和

德国著名数学家、物理学家、天文学家、大地测量学家约翰卡尔·弗里德里希·高斯在小学二年级的时候就可以通过首尾相加的简便方法算出整数 1 到 100 的和，如图 4.1 所示。

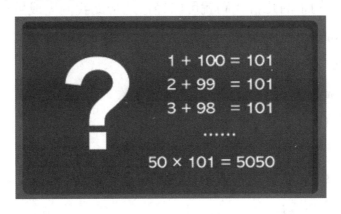

图 4.1　高斯求和

这个方法非常简单，可以用公式：和 =（首项 + 末项）× 项数 /2 表示。那么大家有没有想过通过编程的方法来轻松解决这个问题呢？

【分析】

如果让计算机模拟计算整数 1 到 100 的和，该怎么做呢？我们可以采用之前学习过的顺序结构，用代码模拟 100 次加法，就可以得到结果。例如：

```
int sum = 0;   // 将 sum 进行初始化
sum+=1;
```

```
sum+=2;
sum+=3;
  ⋮
sum+=99;
sum+=100;
```

按照上面的方法，如果我们想要得到 1 到 1 000 的和、1 到 10 000 的和呢？显然此方法是行不通的，我们需要进行的重复（或类似）操作往往不止 100 这么小。

【想想看】

有没有什么办法能够让计算机自己去重复相似的操作呢？

【新知讲解】

利用循环结构中的几行代码就可以轻松地帮助我们完成繁重的计算任务，从而解决这一问题。程序如下：

```cpp
#include <iostream>
using namespace std;
int main()
{
    int sum = 0;
    int i = 1;
    while (i <= 100) // 循环体中的程序执行 100 次
    {
        sum += i;
        i++;
    }
    cout << sum << endl;
    return 0;
}
```

当上面的代码被编译和执行时，它会产生以下结果：

5050

通过以上案例，想必大家也大致了解了什么是循环结构。接下来，我们将进行详细的介绍！

二、一般循环流程

一般情况下，语句是顺序执行的：函数中的第一个语句先执行，接着是第二个语句，依此类推。然而有时需要多次执行同一块代码，编程语言就为我们提供了允许更为复杂执行路径的多种控制结构。

在循环结构中，循环语句允许我们多次执行一个语句或语句组。下面是大多数编程语言中循环语句的一般形式，如图 4.2 所示。

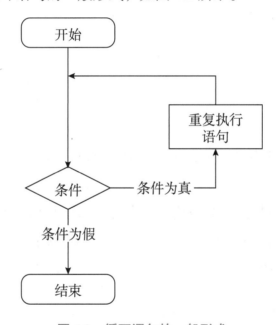

图 4.2 循环语句的一般形式

从上面的流程图可以看出，循环操作最重要的条件是：终止条件。终止条件控制着循环是否继续进行。

三、循环类型

C++ 编程语言提供了以下几种循环类型，见表 4.1，在这一章的课程中我们将具体学习。

表 4.1　循环类型

循环类型	描述
while 循环	当给定条件为真时，重复语句或语句组（它会在执行循环主体之前测试条件）
for 循环	多次执行一个语句序列，简化管理循环变量的代码
do...while 循环	除了它是在循环主体结尾测试条件外，其他与 while 语句类似
嵌套循环	可以在 while、for 或 do...while 循环内使用一个或多个循环

四、while 循环语句

1. 语法

while 循环的语句如下：

```
while（条件）          // 循环头
{
    语句              // 循环体
}
```

只要给定的条件为真（符合条件）时，while 循环语句就会重复执行一个目标语句；当条件为假（不符合条件）时，程序将执行循环的下一条语句。

说明：条件可以是任意的表达式，当为任意非零值时都为真。"语句"可以是一个单独的语句，也可以是几个语句组成的代码块。

```
while (i<=100)
{
    sum+=i;
    i++;
}
```

上述代码中，条件为判断 i 是否小于等于 100。只要 i ≤ 100，while 循环语句就会重复执行 "sum+=i;" "i++;" 这两条语句。

使用 while 循环语句的执行步骤如下：

（1）判断"表达式"是否为真，如果条件为假，则转入（4）。

（2）执行"语句组"。

（3）转入（1）。

（4）while 循环语句结束，继续执行 while 循环语句后面的语句。

2. 流程图

while 循环语句的流程图如图 4.3 所示。

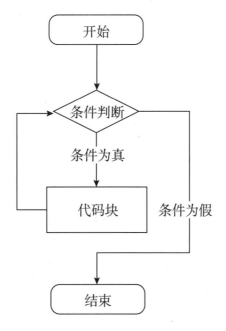

图 4.3　while 循环语句的流程图

3. 常见编程错误

为了能更好地使用循环语句，我们还需要了解在实际编程中容易出现的错误。

在 while 循环体中，既没有使循环条件变为假的情况，比如赋值或读入数据，也没有满足条件的 break 或 goto 语句，将导致死循环。例如下面这个样例：

```
while(3) //常见编程错误
{
......
}
```

【分析】

在上述示例中，while（3）的意思是：当3为真，程序将执行循环体。

同学们学习了前面的程序编写知识，应该知道：在计算机中，只要一个数不是零，那它就一定为真，这是不会改变的事实。所以，如果程序中没有break和goto语句，这个循环就会一直执行下去，程序也不会结束。死循环程序的流程图如图4.4所示。

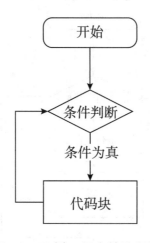

图 4.4 死循环程序的流程图

五、实例

例 4.1 猜数字游戏

【题目描述】

猜数字游戏是先随机产生一个100以内的正整数，然后用户输入一个数对其进行猜测。需要编写程序自动对其与输入数进行比较，并提示大了（Too big），还是小了（Too small），相等则表示猜到了（Good guess）。如果猜到，则游戏结束。

【输入格式】

输入一个不超过100的正整数。

【输出格式】

输出每次猜测相应的结果。

【输入输出样例】（假设随机产生的数字为 **20**）

输入样例	输出样例
13	Too small
21	Too big
20	Good guess

【参考程序】

```cpp
#include <iostream>
#include <stdlib.h>              // 运用 rand() 函数的头文件
using namespace std;
int main()
{
  int n,a;                      //n 为产生的随机数，a 为输入的数字
  n=rand() %100+1;              //rand() 函数为产生随机数函数
  cin>>a;                       // 输入数字 a
  while(a!=n)                   // 判断 a 是否与 n 相等
  {
    if(a<n){
      cout<<"Too small"<<endl;
    }
    if(a>n){
      cout<<"Too big"<<endl;
    }
    cin>>a;                     // 再次输入数字 a
  }
  if(a==n){
    cout<<"Good guess"<<endl;
  }
```

```
    return 0;
  }
```

【分析】

首先需要自动随机产生一个 1 ~ 100 的正整数。接着需要将输入的数字与被猜数进行比较，此时是一个重复的过程且不知道具体的次数，所以我们可以使用 while 循环语句来完成。

【运行结果】

```
50
Too big
40
Too small
42
Good guess
```

此次产生的随机数为 42，所以在猜数过程中产生以上结果。

六、练习

练习 1　108882. 人口增长

【题目描述】

我国现有 x 亿人口，按照每年 0.1% 的增长速度，n 年后将有多少人？（保留小数点后 2 位）

【输入格式】

输入一行，包含两个整数 x（$1 \leqslant x \leqslant 100$）和 n（$1 \leqslant n \leqslant 100$），分别表示人口基数和年数，以单个空格分隔。

【输出格式】

输出最后的人口数，以亿为单位，保留小数点后 2 位。

【输入输出样例】

输入样例	输出样例
13 10	13.13

练习 2　104333. 级数求和

【题目描述】

已知：$Sn=1+1/2+1/3+\cdots+1/n$。显然对于任意一个整数 k，当 n 足够大的时候，则有 $Sn>k$。现给出一个整数 k，要求计算出一个最小的 n，使 $Sn>k$。

【输入格式】

输入一个正整数 k。

【输出格式】

输出一个正整数 n。

【输入输出样例】

输入样例	输出样例
1	2

【知识加油站】

ROM 和 RAM 的区别是什么？

ROM 和 RAM 都是一种存储技术，只是两者原理不同，RAM 为随机存储，断电时不会保存数据，而 ROM 可以在断电的情况下，依然保存原有的数据。ROM 和 RAM 都是半导体存储器。ROM 是 Read Only Memory 的缩写，也就是说这种存储器只能读，不能写。而 RAM 是 Random Access Memory 的缩写，这个词的由来是因为早期的计算机曾经使用磁鼓作为内存，而磁鼓和磁带都是典型的顺序读写设备，RAM 可以随机读写，因此得名。

通俗地说，比如在电脑中，大家都知道有内存和硬盘之说，其实内存就是一种 RAM 技术，而 ROM 则类似于硬盘技术，两者都是存储器，只是 RAM 的速度要远远快于 ROM 的速度。在电脑日常操作中，很多程序都将临时运行的程序命令存放在内存中，当关机或者停电时，内存里原本临时存储的程序信息将全部被清空，也就是内存只能临时存储东西，不能长久保存，而硬盘则可以长久存储，即使断电后也可以找到之前存储的文件。

第二节 循环结构之 for 循环

一、韩信点兵

在中国数学史上，广泛流传着一个"韩信点兵"的故事：韩信是汉高祖刘邦手下的大将，他英勇善战，智谋超群，为建立汉朝立下了汗马功劳。据说韩信的数学水平也非常高超，他在点兵的时候，为了知道有多少兵，同时又能保住军事机密，便让士兵排队报数：

按从 1 至 5 报数，记下最末一个士兵报的数为 1；

再按从 1 至 6 报数，记下最末一个士兵报的数为 5；

再按从 1 至 7 报数，记下最末一个士兵报的数为 4；

最后按从 1 至 11 报数，最末一个士兵报的数为 10。

根据士兵的报数情况，韩信就可以算出士兵的人数（假设人数在 3 000 以内），如图 4.5 所示。

图4.5 韩信点兵

请你利用所学的数学知识想想这道题的解法。

【分析】

如果将士兵的总人数设成 X，根据题目要求我们可以得到以下关系：

X 除以 5 的余数为 1；

X 除以 6 的余数为 5；

X 除以 7 的余数为 4；

X 除以 11 的余数为 10。

【想想看】

分析到这里我们会发现，如果想要解出这道题需要进行多次猜解，计算起来会很麻烦。而计算机的一个优势在于计算速度，如何通过编程的办法让计算机自己算出来呢？

【新知讲解】

因为计算机的计算速度非常快，所以我们可以考虑用穷举法的方式来解题。将所有人数的情况一一列举出来。程序如下：

```cpp
#include <iostream>
using namespace std;
int main()
{
```

```
    int i;
    for (i = 1; i <= 3000; i++) // 人数从 1 增加到 3000
    {
        if (i % 5 == 1 &&i % 6 == 5 && i % 7 == 4 && i %
11 == 10)
```

// 判断是否满足所分析出的条件，"%"是取余的意思，"&&"是且的意思

```
        {
            cout << i << endl;
        }
    }
    return 0;
}
```

当上面的代码被编译和执行时，它会产生以下结果：

```
2111
```

二、i++ 和 ++i

i++ 是后缀递增的意思，++i 是前缀递增的意思。i++ 是先进行表达式运算，再进行自增运算。把 i++ 的运算过程拆分开，等效于 i=i+1，运算结果是一致的。

```
x = i++; // 先让 x 变成 i 的值，再加 1
```

++i 是先进行自增，再进行表达式运算。从运算结果可以发现，仅从 i 的值来看，++i 和 i++ 最终的 i 值是一样的，都是 i 自增加了 1。

```
x = ++i; // 先让 i 加 1，再让 x 变成 i 的值
```

三、for 循环语句

1. 语法

与 while 循环语句类似，for 循环语句也有自己的固定结构，如下所示：

```
for ( 表达式 1; 表达式 2; 表达式 3)
{
    语句;
```

```
}
```

for 循环语句中的三个表达式可部分或全部省略，但两个分号绝对不能省略。语法中各个部分的基本用处如下：

（1）表达式 1 通常会声明变量，给变量赋值。

（2）表达式 2 通常会写出判断条件，判断结果为真，则执行循环内的语句。

（3）语句会写出需要重复执行的相似的操作。

（4）表达式 3 通常会将第一步声明或赋值的变量进行改变，从而靠近循环结束的条件。

例如以下程序：

```
for (i = 1; i <= 3000; i++) // 人数从 1 增加到 3000
{
    if (i % 5 == 1 && i % 6 == 5 && i % 7 == 4 && i % 11 == 10){
        cout << i << endl;
    }
}
```

上述代码中，第一次循环时 i=1，先执行循环里的 if 语句进行判断，接着要先将 i 的值增加 1（此时 i=1），然后再去比较 i 是否满足 i ≤ 3 000 这一条件。若满足，则继续执行循环中的 if 语句，否则退出 for（i=1;i ≤ 3 000;i++）循环。

第 1 次循环时 i=1；第 2 次循环时 i=2；……第 3 000 次循环时 i=3 000；当 i=3 001 时，不再满足 i ≤ 3000 这一条件，因此退出循环。

2. 流程图

for 循环语句能够让计算机自己去重复相似的操作。for 循环语句的一般形式的流程图如图 4.6 所示。

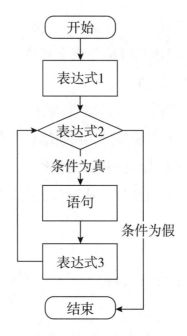

图 4.6 for 循环语句的一般形式的流程图

3. 分析

for 循环语句的控制流如下：

（1）表达式 1 首先被执行，且只会执行一次。这一步允许声明并初始化任何循环控制变量。也可以不在这里写任何语句，只要有一个分号出现即可。

（2）接下来，会判断表达式 2。如果为真，则执行循环主体；如果为假，则不执行循环主体，且控制流会跳转到紧接着 for 循环语句的下一条语句。

（3）在执行完 for 循环语句主体后，控制流会跳回上面的表达式 3 语句。该语句允许更新循环控制变量。该语句可以留空，只要在条件后有一个分号出现即可。

（4）条件再次被判断。如果为真，则执行循环，这个过程会不断重复（先循环主体，再增加步值，然后重新判断条件）；在条件为假时，for 循环终止。

四、实例

例 4.2 求整数 1 到 n 的和

【题目描述】

编写程序，输入一个正整数 n，使用 for 循环语句实现求 1 到 n 的和。

【输入输出样例】

输入样例	输出样例
100	5050

【参考程序】

```cpp
#include <iostream>
using namespace std;
int main( )
{
    int n,sum=0;
    cin>>n;
    for(int i=1;i<n+1;i++){ // 循环 n 次
        sum+=i;
    }
    cout<<sum;
    return 0;
}
```

【分析】

（1）定义变量 n 接受输入的数，定义变量 sum 存储加法的结果。

（2）一共循环 n 次。

（3）利用 i 来实现求解从 1 到 n 的和。

【运行结果】

```
100
5050
```

例 4.3　连续输出 26 个英文字母

【题目描述】

编程利用 ASCII 表和 for 循环语句实现连续输出 26 个英文小写字母。

【参考资料】

表 4.2 为第一章讲解过的 ASCII 码，它包含了所有的英文字母、数字和常用符号，使用起来非常简洁方便。

表 4.2　ASCII 码

ASCII 打印字符											
十进制	字符	十进制	字符	十进制	字符	十进制	字符	十进制	字符	十进制	字符
32	（空格）	48	0	64	@	80	P	96	`	112	p
33	!	49	1	65	A	81	Q	97	a	113	q
34	"	50	2	66	B	82	R	98	b	114	r
35	#	51	3	67	C	83	S	99	c	115	s
36	$	52	4	68	D	84	T	100	d	116	t
37	%	53	5	69	E	85	U	101	e	117	u
38	&	54	6	70	F	86	V	102	f	118	v
39	'	55	7	71	G	87	W	103	g	119	w
40	(	56	8	72	H	88	X	104	h	120	x
41	)	57	9	73	I	89	Y	105	i	121	y
42	*	58	:	74	J	90	Z	106	j	122	z
43	+	59	;	75	K	91	[	107	k	123	{
44	,	60	<	76	L	92	\	108	l	124	|
45	-	61	=	77	M	93	]	109	m	125	}
46	.	62	>	78	N	94	^	110	n	126	~
47	/	63	?	79	O	95	_	111	o	127	DEL

【输入输出样例】

输入样例（无输入）	输出样例
	abcdefghijklmnopqrstuvwxyz

【参考程序】

```
#include <iostream>
using namespace std;
```

```
int main( )
{
    int i;
    for( i = 0;i < 26; ++i ) {
        cout << char('a'+i );
        //'a'+i 强制转换成 char 类型
    }
    return 0;
}
```

【分析】

（1）输出 26 个英文小写字母，因此一共需要循环 26 次。

（2）使用强制类型转换，输出英文小写字母。

【运行结果】

abcdefghijklmnopqrstuvwxyz

五、练习

练习1　105360. 找最小值

【题目描述】

给出 n（$n \leq 100$）和 n 个整数 k（$0 \leq k \leq 1\,000$），求 n 个整数中的最小值。

【输入输出样例】

输入样例	输出样例
8 1 9 2 6 0 8 1 7	0

练习2　100472. 小鱼的航程

【题目描述】

有一只小鱼，它平时每天游泳 250 公里，周末休息（实行双休日），假设

从周 x（$1 \leq x \leq 7$）开始算起，过了 n（$n \leq 106$）天后，小鱼一共累计游了多少公里呢?

【输入格式】

输入两个整数 x、n（表示从周 x 算起，经过 n 天）。

【输出格式】

输出一个整数，表示小鱼累计游了多少公里。

【输入输出样例】

输入样例	输出样例
3 10	2000

【知识加油站】

操作系统

操作系统对于计算机是十分重要的。首先，从使用者角度来说，操作系统可以对计算机系统的各项资源板块开展调度工作，其中包括软硬件设备、数据信息等，运用计算机操作系统可以减少人工资源分配的工作强度，使用者对于计算的操作干预程度减少，计算机的智能化工作效率就可以得到很大的提升。其次在资源管理方面，如果由多个用户共同管理一个计算机系统，那么在两个使用者的信息共享当中可能就会有冲突矛盾。为了更加合理地分配计算机的各个资源板块，协调计算机系统的各个组成部分，就需要充分发挥计算机操作系统的职能，对各个资源板块的使用效率和使用程度进行一个最优的调整，使各个用户的需求都能够得到满足。最后，操作系统在计算机程序的辅助下，可以抽象处理计算系统资源提供的各项基础职能，以可视化的手段来向使用者展示操作系统功能，降低计算机的使用难度。

操作系统主要包括以下几个方面的功能:

（1）进程管理，其工作任务主要是进程调度，在单用户、单任务的情况下，处理器仅为一个用户的一个任务独占，进程管理的工作十分简单。但在多用户或多道程序的情况下，组织多个作业或任务时，就要解决处理器的调度、分配和回收等问题。

（2）存储管理，其功能有：存储分配、存储共享、存储保护、存储扩张。

（3）设备管理，其功能有：设备分配、设备传输控制、设备独立性。

（4）文件管理，其功能有：文件存储空间管理、目录管理、文件操作管理、文件保护。

（5）作业管理，负责处理用户提交的任何要求。

常用的电脑操作系统有 Unix、Linux、MacOS、Microsoft windows、Google Chrome OS 等。

第三节　循环结构之 do...while 循环

一、一尺之棰

《庄子》中提到，"一尺之棰，日取其半，万世不竭"。现在我们面前有一根长度为 100 的木棍，从第二天开始，每天都要将这根木棍锯掉一半（每次除2，向下取整）。那么，到第几天木棍长度会变为1？木棍的锯割示意如图4.7所示。

木棒每天的长度构成一个数列：

1/2, 1/4, 1/8,…

图 4.7　木棍的锯割示意

请利用所学的数学知识想一想这道题的解法？

【分析】

第一天：长度为 100；

第二天：长度减半，为 100/2=50；

第三天：长度再次减半，为 50/2=25；

第四天：长度继续减半，为 25/2=12.5（向下取整后为 12）；

在此过程中需要我们先锯掉一半再去判断是否变为 1。

根据上面的思路，我们可以用下面程序实现：

```cpp
#include <iostream>
#include <math.h>
using namespace std;
int main( ){
    int flag = 1;   //表示天数(第一天没有锯木头,所以初始为1)
    int len = 100; //表示木头的长度
    do{ // 先执行一次 do 循环中的语句
        len = floor(len / 2);
        flag += 1;
    } while (len > 1); // 判断长度是否大于 1
    cout << "第" << flag << "天" << endl;
    return 0;
}
```

该程序不像 for 和 while 循环语句，for 和 while 循环语句是在循环头部测试循环条件，而 do...while 循环语句是在循环的尾部检查它的条件。

do...while 循环语句与 while 循环语句类似，但是 do...while 循环会确保至少执行一次循环。

当上面的程序代码被编译和执行时，它会产生以下结果：

第 7 天

二、do...while 循环语句

1. 语法

如果希望循环至少执行一次，可以使用 do...while 循环语句。do...while 循环语句的语法如下：

```
do
{
    语句；
}while( 条件 );
```

因为条件表达式出现在循环的尾部，所以循环中的语句组会在条件被测试之前至少执行一次。如果条件为真，控制流会跳转回上面的 do，然后重新执行循环中的语句组。这个过程会不断重复，直到给定条件变为假为止。

需要注意的是，这里的 while 语句后面需要用分号表示语句结束。

2. 流程图

do...while 循环语句的执行流程图如图 4.8 所示。

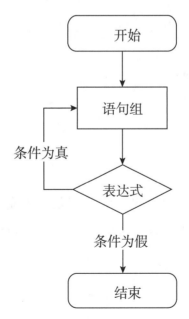

图 4.8　do...while 循环语句的执行流程图

三、实例

例 4.4 连续输出 10 个 @

【题目描述】

编程时利用 do...while 语句实现：输出一行 10 个 @。

【输入输出样例】

输入样例（无输入）	输出样例
	@@@@@@@@@@

【参考程序】

```cpp
#include <iostream>
using namespace std;
int main( ) {
    int i=1;
    do{
        cout<<"@";
        i++;
    }while(i<=10);
    return 0;
}
```

【分析】

（1）需要在 do 语句之前声明一个控制条件的变量 i，并赋值为 1。

（2）值得注意的是这里 i=10 的时候也符合条件，因为变量是 i 从 1 开始增加。

【运行结果】

@@@@@@@@@@

例 4.5 输入若干整数，以 0 结尾，统计共有多少个正数

【题目描述】

用 do...while 循环语句实现：输入若干整数，以 0 结尾，统计共有多少个正数。

【输入输出样例】

输入样例	输出样例
3 6 −3 2 0	3

【参考程序】

```cpp
#include <iostream>
using namespace std;
int main( )
{
    int x,i=0;
    do{
        cin>>x;
        if(x>0) i++;
    }while(x!=0);
    cout<<i<<endl;
    return 0;
}
```

【运行结果】

```
3 6 -3 2 0
3
```

四、练习

练习 1 100471. 小玉游泳

【题目描述】

小玉正在开心地游泳，但她很快发现，自己的力气不够，游泳很累。已知

小玉第一步能游出 2 米，可是随着她越来越累，力气越来越小，接下来的每一步都只能游出上一步距离的 98%。现在小玉想知道，如果要游到距离开始位置 x 米的地方，她需要游多少步呢？请你编写程序来解决这个问题。

【输入格式】

输入一个数字（不一定是整数，小于 100 m），表示要游的目标距离。

【输出格式】

输出一个整数，表示小玉一共需要游多少步。

【输入输出样例】

输入样例	输出样例
4.3	3

练习 2　108887. 药房管理

【题目描述】

随着信息技术的蓬勃发展，医疗信息化已经成为医院建设中必不可少的一部分。计算机可以很好地辅助医院管理医生信息、病人信息、药品信息等海量数据，使工作人员能够从这些机械的工作中解放出来，将更多精力投入真正的医疗过程中，从而极大地提高了医院整体的工作效率。

对药品的管理是其中一项重要内容。现在药房的管理员希望使用计算机来帮助他管理。假设对于任意一种药品，每天开始工作时的库存总量已知，并且一天之内不会通过进货的方式增加库有量。每天会有很多病人前来取药，他们会取走不同数量的药品。如果病人需要的数量超过了当时的库存量，药房会拒绝该病人的请求。管理员希望知道每天会有多少病人没有取上药。

【输入格式】

输入共有 3 行，第一行是每天开始时的药品总量 m。
第二行是这一天取药的人数 n（$0 < n \leqslant 100$）。
第三行共有 n 个数，分别记录了每个病人希望取走的药品数量（按照时间先后的顺序）。

【输出格式】

输出只有 1 行，为这一天没有取上药的人数。

【输入输出样例】

输入样例	输出样例
30 6 10 5 20 6 7 8	2

第四节　循环嵌套

一、百鸡问题

我国古代数学家张丘建在《张丘建算经》一书中曾提出过著名的"百钱买百鸡"问题（图 4.9），该问题叙述如下：公鸡一只五块钱，母鸡一只三块钱，小鸡三只一块钱，现在要用一百块钱买一百只鸡，问公鸡、母鸡、小鸡各多少只？

图 4.9　百钱买百鸡

请利用所学的数学知识想想这道题的解法？

【分析】

如果用数学的方法解决"百钱买百鸡"问题，可将该问题抽象成方程组。设公鸡 x 只，母鸡 y 只，小鸡 z 只，得到以下方程组：

A：$5x+3y+1/3z = 100$

B：$x+y+z = 100$

C：$0 \leq x \leq 100$

D：$0 \leq y \leq 100$

E：$0 \leq z \leq 100$

【想想看】

如果用解方程的方式解这道题需要进行多次猜解，计算起来十分麻烦。有没有什么办法能够通过编程让计算机自己算出来呢？

【新知讲解】

因为计算的运算速度非常快，所以我们可以用穷举法的方式来解题。将所有的情况都列举出来，输出符合要求的公鸡、母鸡、小鸡数量。程序如下：

```cpp
#include <iostream>
using namespace std;
int main( )
{
    int x, y, z;
    for (x = 0; x <= 100; x++)
        for (y = 0; y <= 100; y++)
            for (z = 0; z <= 100; z++)
            {
                if (5 * x + 3 * y + z / 3 == 100 && z % 3 == 0 && x + y + z == 100)
                {
                    cout << "公鸡:" << x << "母鸡:" << y << "小鸡:" << z << endl;
                }
            }
```

```
        return 0;
    }
```

当上面的程序代码被编译和执行时，产生以下结果：

公鸡：0 母鸡：25 小鸡：75

公鸡：4 母鸡：18 小鸡：78

公鸡：8 母鸡：11 小鸡：81

公鸡：12 母鸡：4 小鸡：84

二、C++ 循环嵌套

什么是"循环嵌套"？

将循环抽象为图形，在里面我们可以写要循环执行的一些操作和语句。当然，除了语句以外，这个循环里面还可以放入另一个循环，如图4.10所示。

图 4.10　循环嵌套

例如下面程序：

```
for (x = 0; x <= 100; x++)
    for (y = 0; y <= 100; y++)
        for (z = 0; z <= 100; z++)
        {
            if (5 * x + 3 * y + z / 3 == 100 && z % 3 ==
0 && x + y + z == 100) // 是否满足百钱百鸡
            {
                cout << "公鸡：" << x << "母鸡：" << y <<
"小鸡：" << z << endl;
```

```
            }
        }
```

该程序中，在执行第 1 次循环时，x、y、z 的值分别为 0、0、0；第 2 次循环时，x、y、z 的值分别为 0、0、1；……第 101 次循环时，x、y、z 的值分别为 0、0、100；第 102 次循环时，x、y、z 的值分别为 0、1、0；第 103 次循环时，x、y、z 的值分别为 0、1、1；……直到最后 x、y、z 均为 100 时，退出循环。

关于嵌套循环有一点值得注意：可以在任何类型的循环内嵌套其他任何类型的循环。例如，一个 for 循环可以嵌套在一个 while 循环内，同样地，一个 while 循环也可以嵌套在一个 for 循环内。而且这样的嵌套可以不止一层，C++ 允许至少 256 个嵌套层次。

但是在编写程序时嵌套很多层次并不一定是一件好事，我们需要考虑时间效率，也就是时间复杂度。在使用程序处理问题时，我们更希望牺牲空间来换取时间。

正常情况下，循环嵌套都是先执行较内层的循环体操作，在较内层的执行完以后才会执行外一层的循环。这有点类似于时钟，先是秒针一直在转动，当秒针转完一圈以后才轮到分针转动一格；分针转完一圈，时针才转动一格。循环的执行次数也是按乘积级别来增长的。例如，双重循环，内层循环执行的次数等于内层次数乘以外层次数。

三种循环语句 while、do...while、for 可以互相嵌套，自由组合。外层循环体中可以包含一个或多个内层循环结构。但要注意的是，各循环必须完整包含，相互之间绝对不允许出现交叉现象，因此每一层循环体都应该用 { } 括起来。

1. 嵌套 while 循环

嵌套 while 循环和普通 while 循环类似，把 while 循环当作一个普通语句处理，它也能够在循环任意位置放置更多的语句。

C++ 中嵌套 while 循环语句的语法如下：

```
while( 条件 1)
{
    while( 条件 2)
```

```
{
    语句1;  // 可以放置更多的语句
}
语句2;      // 可以放置更多的语句
}
```

2. 嵌套 for 循环

C++ 中嵌套 for 循环语句的语法如下：

```
for（初始值；条件1； 变化量）
{
    for（初始值；条件2；变化量）
    {
        语句1;  // 可以放置更多的语句
    }
    语句2;      // 可以放置更多的语句
}
```

可以看到，上述语句的写法和普通 for 循环写法类似，也就是把 for 循环语句当作普通语句来处理，放在另一个 for 循环中，还可以在嵌套之中放置更多语句。for 循环嵌套也是我们用得最多的循环嵌套。

3. 嵌套 do...while 循环

依此类推，也能够类推出 do...while 循环的写法。但一定不要忘了在 while 语句后面加上分号哦！嵌套 do...while 循环语句的语法如下：

```
do
{
    语句；      // 可以放置更多的语句
    do
    {
        语句；  // 可以放置更多的语句
```

```
    }while( 条件 2 );
 }while( 条件 1 );
```

三、实例

例 4.6 输出九九乘法表

【题目描述】

将九九乘法表打印出来。

【参考程序】

```cpp
#include <iostream>
using namespace std;
int main( )
{
    for(int i=1;i<10;i++){
        for(int j=1;j<=i;j++){
            cout<<i<<"*"<<j<<"="<<i*j<<"\t";
        }
        cout<<endl;
    }
    return 0;
}
```

【分析】

（1）\t 是制表符。因为乘法口诀中有的结果是 1 位数，有的是 2 位数。比如第二列，2*2、3*2、4*2 的结果都是 1 位数，但是之后都是两位数，如果用固定的空格，第三列就会歪掉。所以，用制表符就会很方便。

（2）乘法口诀表只需要 i 能够遍历到 9，所以控制条件写 i<10 或 i ≤ 9 即可。

（3）第二层循环的 j 代表乘法表中乘号右边的数，所以这里的 j 初始化值为 1，但是只需要遍历到 i 即可。

【运行结果】

```
1*1=1
2*1=2    2*2=4
3*1=3    3*2=6    3*3=9
4*1=4    4*2=8    4*3=12   4*4=16
5*1=5    5*2=10   5*3=15   5*4=20   5*5=25
6*1=6    6*2=12   6*3=18   6*4=24   6*5=30   6*6=36
7*1=7    7*2=14   7*3=21   7*4=28   7*5=35   7*6=42   7*7=49
8*1=8    8*2=16   8*3=24   8*4=32   8*5=40   8*6=48   8*7=56   8*8=64
9*1=9    9*2=18   9*3=27   9*4=36   9*5=45   9*6=54   9*7=63   9*8=72
9*9=81
```

例 4.7　计算阶乘之和

【题目描述】

编写程序，输入正整数 n，计算 $s=1!+2!+3!+\cdots+n!$（ $n \leqslant 12$），输出 s。其中 "!" 表示阶乘，例如，$5!=5 \times 4 \times 3 \times 2 \times 1$。

【输入输出样例】

输入样例	输出样例
3	9

【参考程序】

```cpp
#include <iostream>
using namespace std;
int main( )
{
    int s = 0;
    int f = 1;
    int n;
```

```
cin>>n;
for(int i=1;i<=n;i++){
    f = 1;
    for(int j=1;j<=i;j++)
        f *= j;
    s += f;
}
cout<<s;
return 0;
}
```

【分析】

（1）首先需要一个累加器 s，初始化的值为 0，因为 0 加任何数都等于原数。然后需要一个累乘器，初始化的值为 1，因为 1 乘任何数都等于原数。最后再声明一个需要输入的数 n。

（2）第一层循环从 1 到 n 遍历，它的作用就是循环记录并累加 1 到 n 的每一个数的阶乘。

（3）第二层让 j 从 1 到 i 遍历，然后用 f*=j 计算出每个数的阶乘。

【运行结果】

```
3
9
```

四、练习

练习 1　109917. 房间门

【题目描述】

宾馆里有 n 个房间（$n \leqslant 100\,000$），从 1 ~ n 编号。第一个服务员把所有的房间门都打开了，第二个服务员把所有编号是 2 的倍数的房间做"相反处理"，第三个服务员把所有编号是 3 的倍数的房间做"相反处理"……，以后每个服务员都是如此。当第 n 个服务员来过后，哪几扇门是打开的（所谓"相反处理"是：把原来开着的门关上，原来关上的门打开）。

【输入输出样例】

输入样例	输出样例
100	1 4 9 16 25 36 49 64 81 100

【知识加油站】

图像文件格式

图像文件格式是记录和存储影像信息的格式。对数字图像进行存储、处理、传播，必须采用一定的图像格式，也就是把图像的像素按照一定的方式进行组织和存储，把图像数据存储成文件就得到图像文件。图像文件格式决定了应该在文件中存放何种类型的信息，文件如何与各种应用软件兼容，文件如何与其他文件交换数据。常用的图像文件格式包含以下几种：

BMP 格式

BMP（位图格式）是 DOS 和 Windows 兼容计算机系统的标准 Windows 图像格式。BMP 格式支持 RGB（色彩模式）、索引颜色、灰度和位图颜色模式，但不支持 Alpha 通道。BMP 格式支持 1、4、24、32 位的 RGB 位图。

TIFF 格式

TIFF（标记图像文件格式）用于在应用程序和计算机平台之间交换文件。TIFF 是一种灵活的图像格式，被所有绘画、图像编辑和页面排版的应用程序支持。几乎所有的桌面扫描仪都可以生成 TIFF 图像，而且 TIFF 格式还可加入作者、版权、备注及自定义信息，存放多幅图像。

GIF 格式

GIF（图像交换格式）是一种 LZw 压缩格式，用来减小文件大小和电子传递时间。在 WorldWideWeb 和其他网上服务的 HTML（超文本标记语言）文档中，GIF 文件格式普遍用于现实索引颜色和图像，支持多图像文件和动画文件。其缺点是存储色彩最高只能达到 256 种。

JPEG 格式

JPEG（联合图片专家组）是所有格式中压缩率最高的格式。大多数彩色和灰度图像都使用 JPEG 格式压缩图像，其压缩比很大而且支持多种压缩级别，当对图像的精度要求不高而存储空间又有限时，JPEG 是一种理想的压缩方式。在 WorldWideWeb 和其他网上服务的 HTML 文档中，JPEG 用于显示图片和其他连续色调的图像文档。JPEG 支持 CMYK（印刷四色模式）、RGB 和灰度颜色模式。JPEG 格式保留 RGB 图像中的所有颜色信息，通过选择性地去掉数据来压缩文件。

PDF 格式

PDF（可移植文档格式）用于 Adobe Acrobat，Adobe Acrobat 是 Adobe 公司用于 Windows、UNIX 和 DOS 系统的一种电子出版软件，十分流行。与 Postseript 页面一样，PDF 包含矢量和位图图形，还包含电子文档查找和导航功能。

PNG 格式

PNG（无损压缩的位图图形格式）图片以任何颜色深度存储单个光栅图像。PNG 是与平台无关的格式。优点：PNG 支持高级别无损耗压缩；支持 alpha 通道透明度；支持伽玛校正；支持交错；受最新的 Web 浏览器支持。缺点：较旧的浏览器和程序可能不支持 PNG 文件；作为 Internet 文件格式，与 JPEG 的有损耗压缩相比，PNG 提供的压缩量较少；作为 Internet 文件格式，PNG 对多图像文件和动画文件不提供任何支持。

第五节 循环控制语句

一、五猴分桃

五只猴子一起摘桃子，因为太累了，它们商量决定先睡一觉再分。过了不知多久，一只猴子来了。它见别的猴子没来，便将这一堆桃子平均分成了五份，结果多了一个，就将多的这个吃了并且拿走了其中的一堆儿。又过了不知多久，第二只猴子来了，它不知道有一个同伴已经来过，还以为自己是第一个到的呢，于是将地上的桃子平均分成了五份，发现也多了一个，同样吃了这一个，拿走了其中的一堆儿。第三只、第四只、第五只猴子同样如此……请问这五只猴子至少摘了多少个桃子？第五只猴子走后还剩下多少个桃子呢？五猴分桃如图 4.11 所示。

图 4.11 五猴分桃

请利用所学的数学知识想想这道题的解法？

【分析】

通过题目描述，我们可以知道：每一只猴子去的时候桃子的数量都是 5 的倍数加 1。同时，我们也知道，当第一只猴子吃掉一个并拿走五份中的一份，剩下桃子的数量便是 4 的倍数。因此，我们可以从第五只猴子剩下的桃子来逆推桃子的总数。

假设最后剩下的桃子数为 X，X 一定是 4 的倍数。那么我们就可以从 $X=4$ 来计算。假设第五只猴子来时看到的桃子数为 C，$X/4$ 是一份桃子的数量，乘以 5 再加 1 便是第五只猴子来的时候看到的桃子数，即 $C=(X/4)\times 5+1$。依此类推，便可知道一共摘了多少桃子及剩下的桃子数。

注意：若每次算出来的 C 不是 4 的倍数，说明初始假设的 X 不对，即需要在 X 的基础上再加 4（第一只猴子看到的桃子数不需要为 4 的倍数）。

通过上面的分析，我们可以用程序实现为：

```cpp
#include <iostream>
using namespace std;
int main( )
{
    int x; // X为剩下的桃子数
    for (X = 4;; X = X + 4)
    {
        int C; // C用于计算第五只到第二只猴子看到的桃子数
        C = X;
        int i; // i为循环变量
        for (i = 1; i <= 4; i++)
        {
            int C1; //C1用于计算第五只到第二只猴子看到的桃子数
            C1 = C * 5 / 4 + 1;
            if (C1 % 4 != 0)
            {
                break; // 跳出循环
            }
```

```
            C = C1;
        }
        if (i > 4)
        {
            cout << "总桃子数:" << C * 5 / 4 + 1 << "剩
余桃子数:" << X << endl;
            break; // 跳出循环
        }
    }
    return 0;
}
```

当上面程序的代码被编译和执行时，它会产生以下结果：

总桃子数:3121 剩余桃子数:1020

二、C++ 循环控制语句

循环控制语句可更改执行的正常序列。当执行离开一个范围时，所有在该范围中创建的自动对象都会被销毁，循环控制语句见表 4.3。

表 4.3　循环控制语句

控制语句	描述
break 语句	终止 loop 或 switch 语句，程序流将继续执行紧接着 loop 或 switch 的下一条语句
continue 语句	引起循环跳过主体的剩余部分，立即重新开始测试条件
goto 语句	将控制转移到被标记的语句。但是不建议在程序中使用 goto 语句

如以下程序：

```
for (X = 4;; X = X + 4)
{
    int C; // C用于计算第五只到第二只猴子看到的桃子数
    C = X;
    int i; // i为循环变量
```

```
    for (i = 1; i <= 4; i++)
    {
        int C1; // C1用于计算第五只到第二只猴子看到的桃子数
        C1 = C * 5 / 4 + 1;
        if (C1 % 4 != 0){
            break; // 跳出循环
        }
        C = C1;
    }
    if (i > 4){
        cout << "总桃子数:" << C * 5 / 4 + 1 << "剩余桃子
数:" << X << endl;
        break; // 跳出循环
    }
}
```

因为 for（X=4; ;X=X+4）中条件是空白的，是一个永真的状态，所以若没有实例程序中的 break 语句，此程序会一直执行 for（X=4; ;X=X+4）中的语句就变成一个死循环。

三、break 语句

1. 用法

break 语句有以下两种用法：

（1）当 break 语句出现在一个循环内时，循环会立即终止，且程序流继续执行紧接着循环的下一条语句。

（2）break 语句可用于终止 switch 语句中的一个 case。

如果使用的是嵌套循环（即一个循环内嵌套另一个循环），break 语句会停止执行最内层的循环，然后开始执行该循环之后的下一行代码。

2. 语法

break 语句的语法如下：

```
break;
```

3. 流程图

break 语句的执行流程如图 4.12 所示。

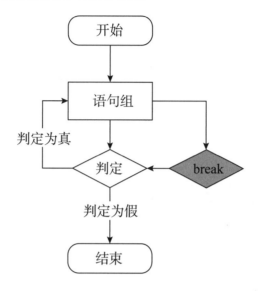

图 4.12 break 语句的执行流程图

四、continue 语句

1. 用法

continue 语句类似于 break 语句，但它不是强迫终止。continue 会跳过当前循环中的代码，立即进行下一次循环条件判定。

2. 语法

continue 语句的语法如下：

```
continue;
```

3. 流程图

continue 语句的执行流程如图 4.13 所示。

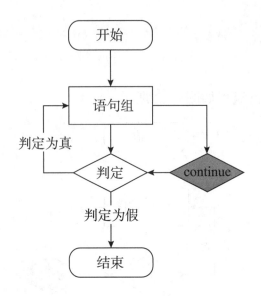

图 4.13　continue 语句的执行流程图

五、goto 语句

1. 用法

goto 语句也称作无条件转移语句。goto 语句通常与条件配合使用，可用来实现条件转移、构成循环、跳出循环体等功能。

注意：在任何编程语言中，都不建议使用 goto 语句。因为它使程序的控制流难以跟踪，使程序难以理解、难以修改。任何使用 goto 语句的程序可以改成不需要使用 goto 语句的写法。

2. 语法

goto 语句的语法如下：

```
goto label;
......
......
label: statement;
```

在上述代码块中，label 是识别被标记语句的标识符，可以是任何除 C++ 关键字以外的纯文本。被标记语句可以是任何语句，放置在标识符和冒号（:）后边。

3. 流程图

goto 语句的执行流程如图 4.14 所示。

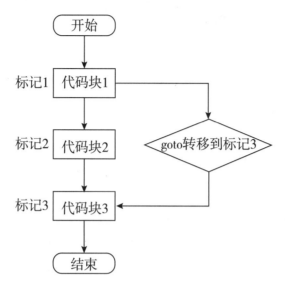

图 4.14　goto 语句的执行流程图

六、实例

例 4.8　输出数字

【题目描述】

输出从 1 ～ 10 除数字 8 外的所有整数。

【输入输出样例】

输入样例（无输入）	输出样例
	1
	2
	3
	4
	5
	6
	7
	9
	10

【参考程序】

```cpp
#include <iostream>
using namespace std;
int main( )
{
int i;
i=1;
    while(i<=10)
    {
        if(i == 8)// 当 i 等于 8 时执行完 if 中的语句后自动跳出
此次 while 循环
        {
            i++;
            continue;
        }
        cout<<i<<endl;
        i++;
    }
    return 0;
}
```

【分析】

（1）利用 while 循环语句可以将 1 ~ 10 的所有整数输出。

（2）当输出到 8 时，只让 i 的值加 1 然后跳出此次 while 循环即可不输出数字 8。

【运行结果】

```
1
2
```

```
3
4
5
6
7
9
10
```

七、练习

练习1 108855.三角形判断

【题目描述】

给定三个正整数，分别表示三条线段的长度，判断这三条线段能否构成一个三角形。如果能构成三角形，则输出 yes，否则输出 no。

【输入格式】

输入共一行，包含三个正整数，分别表示三条线段的长度，数与数之间以一个空格隔开。

【输出格式】

如果能构成三角形，则输出 yes，否则输出 no。

【输入输出样例】

输入样例	输出样例
3 4 5	yes

第六节　循环结构综合实战

一、质数口袋

小 A 有一个质数口袋，里面可以装各个质数。他从 2 开始，依次判断各个自然数是不是质数，如果是质数就把这个数字装入口袋。口袋的负载量就是口袋里的所有数字之和。但是口袋的承重量有限，不能装下总和超过 L（$1 \leqslant L \leqslant 105$）的质数。给出 L，请问口袋里能装下几个质数？将这些质数从小到大依次输出，然后输出最多能装下的质数个数，所有数字之间留一空行，质数口袋如图 4.15 所示。

图 4.15　质数口袋

【分析】

在本题中，判断各个自然数是否为质数，可以用到 for 循环结构；判断是否大于 L 可以用到 while 循环结构。

【参考程序】

通过上述分析，我们可以得到如下参考程序：

```cpp
#include <iostream>
using namespace std;
int main( )
{
    int L, s = 0, num = 1, i, c = 0; // L 为输入质数总和的
上限,s 为质数的和, c 表示口袋的质数个数
    cin >> L;
    while (s < L) // 判断质数和是否大于 L
    {
```

```
        num++;
        for (i = 2; i < num; i++) // 判断 num 是否为质数
        {
            if (num % i == 0){
                break; // 跳出 for 循环
            }
        }
        if (num == i) // 判断 num 如果是质数
        {
            s += num;
            if (s <= 1){
                cout << num << endl;
                c++;
            }
        }
    }
    cout << c << endl; // 输出口袋中质数的个数
    return 0;
}
```

二、练习

练习1 100468. 最长连号

【题目描述】

输入 n 个正整数，输出最长连号的个数（连号：指从小到大连续的自然数）。

【输入格式】

第一行，一个整数 n。

第二行，n 个整数 a_i，各整数之间用空格隔开。

【输出格式】

一个数，最长连号的个数。

【输入输出样例】

输入样例	输出样例
10 3 5 6 2 3 4 5 6 8 9	5

【说明】

数据规模与约定：

对于数据，保证 $1 \leqslant n \leqslant 104$，$1 \leqslant a_i \leqslant 109$。

练习2　105367. 求三角形

【题目描述】

输入一个不大于9的正整数，打印出一个正方形矩阵，然后再打印出一个三角形矩阵。

【输入格式】

输入矩阵的规模，不超过9。

【输出格式】

输出正方形和三角形矩阵。

【输入输出样例】

输入样例	输出样例
4	01020304 05060708 09101112 13141516 01 0203 040506 07080910

练习 3　103933. 远征

【题目描述】

在征服南极之后，达沃开始了一项新的挑战：将去西伯利亚、格陵兰、挪威附近的北极圈远征。在去之前一共需要筹集费用 n 元钱，他打算每个星期一筹集 x 元，星期二筹集 $x+k$ 元，……，星期日筹集 $kx+6k$ 元，并在 52 个星期内筹集完。其中 x、k 为正整数，并且满足 $1 \leq x \leq 100$。

现在请你帮忙计算 x、k 为多少时，能刚好筹集 n 元。

如果有多个答案，输出的 x 尽可能大，k 尽可能小。注意 k 必须大于 0。

【输入格式】

输入有一行，为一个整数 n（$1\,456 \leq n \leq 145\,600$）。

【输出格式】

第一行，一个整数 x（$0 < x \leq 100$）。

第二行，一个整数 k（$k > 0$）。

【输入输出样例】

输入样例	输出样例
1 456	1 1

练习 4　108879. 整数的个数

【题目描述】

给定 k（$1 < k < 100$）个正整数，其中每个数都是大于等于 1，小于等于 10 的数。编写程序计算给定的 k 个正整数中，1、5 和 10 出现的次数。

【输入格式】

输入有两行：第一行包含一个正整数 k；第二行包含 k 个正整数，每两个正整数之间用一个空格隔开。

【输出格式】

输出有三行：第一行为 1 出现的次数；第二行为 5 出现的次数；第三行为 10 出现的次数。

【输入输出样例】

输入样例	输出样例
5 1 5 8 10 5	1 2 1

练习 5　108878. 满足条件的数

【题目描述】

将正整数 m 和 n 之间（包括 m 和 n）能被 17 整除的数累加，其中 $0 < m < n < 1\,000$。

【输入格式】

输入有一行，包含两个整数 m 和 n，以一个空格隔开。

【输出格式】

输出有一行，包含一个整数，表示累加的结果。

【输入输出样例】

输入样例	输出样例
50 58	204

第五章　数　　组

第一节　算法初探——一维数组

一、分析成绩

学校信息社团进行了程序设计能力测试，王老师想要统计一下同学们分数中成绩优秀（≥ 85）的人数、成绩不及格的人数（＜ 60）和平均分，已知班上同学的总人数为 20 人，请你编写程序输入这 20 位同学的成绩帮助王老师做一下分数统计。

【难点分析】

有 20 位同学的成绩要计算，我们需要定义 20 个变量吗？如果有 100 位同学的成绩要计算，我们就要定义 100 个变量吗？

【解决方法】

定义长度为 20 的数组，来存放这 20 位同学的成绩，就能实现一个变量存储多个元素的目的。

普通变量的一个变量只能存储一个值，例如，int x=10; x 只能存储一个整数，但有时我们需要读入大量的值，如求 20 位同学成绩的平均分，就需要定义数组来解决问题。数组的含义与意义如下：

数组：相同类型元素的集合。

数组意义：定义一个数组，存储多个元素的值。

例 5.1　成绩统计

【题目描述】

输入 N（$0 \leqslant N \leqslant 100$）个人的成绩，输出优秀（≥ 85）的人数、不及格

（＜60）的人数和平均成绩。

【输入格式】

第一行输入人数 N 的值（$0 \leqslant N \leqslant 100$），第二行输入 N 个人的成绩，用空格隔开，回车结束。

【输出格式】

第一行输出优秀人数，第二行输出不及格人数，第三行输出平均分。

【输入输出样例】

输入样例	输出样例
5 85 80 92 78 100	优秀人数为：3 不及格人数为：0 平均分为：87

【参考程序】

```cpp
#include <iostream>
using namespace std;
int main()
{
    int array[100];
    int i = 0, j = 0, N = 0;
    float sum = 0;
    cout << "请输入人数：";
    cin >> N;
    cout << "请输入" << N << "个人的分数（以空格隔开，回车
结束）：";
    for(int x = 0; x < N; x++)
    {
        cin >> array[N];
```

```
        sum = sum + array[N];
        if(array[N] >= 85)
            i++;
        if(array[N] < 60)
            j++;
    }
    cout << "优秀人数为: " << i << endl;
    cout << "不及格人数为: " << j << endl;
    cout << "平均分为: " << sum / N << endl;
}
```

【运行结果】

请输入人数: 5

请输入 5 个人的分数 (以空格隔开, 回车结束): 90 60 58 100 76

优秀人数为: 2

不及格人数为: 1

平均分为: 76.8

【分析】

用 array[100] 来存储学生成绩, 最多可以存储 100 个数据。

【扩展】

一个数组可以分解为多个数组元素, 这些数组元素可以是基本数据类型或构造类型。因此按数组元素类型的不同, 数组又可分为数值数组、字符数组、指针数组、结构数组等类别。

二、一维数组

当数组中每个元素均只带有一个下标时, 我们称这样的数组为一维数组。

【声明数组】

在 C++ 中要声明一个数组, 需要指定元素的类型和元素的数量, 如下所示:

```
type arrayName [ arraySize ]
```

【说明】

（1）type 可以是任意有效的 C++ 数据类型。

（2）arrayName 为数组名，命名规则与变量名的命名规则一致。

（3）arraySize 表示数组元素的个数。数组元素的个数可以是常量和符号常量，但不能是变量。数组一旦完成定义后不可随意更改数组的长度，因此，实际使用过程中会将数组长度定义得大些，以防发生越界情况。

例如，右侧数组均为合法的：int a[10]; double balance[10]。其中，a 是一维数组的数组名，该数组有 10 个元素，依次表示为：a[0]，a[1]，a[2]，a[3]，a[4]，a[5]，a[6]，a[7]，a[8]，a[9]。需要注意的是，a[10] 不属于该数组的空间范围。当在说明部分定义了一个数组变量之后，C++ 编译程序为所定义的数组在内存空间开辟一串连续的存储单元，每个数组第一个元素的下标都是 0，因此第一个元素为第 0 个数组元素。例如，a 数组在内存的存储，见表 5.1。

表 5.1　a 数组存储

a[0]	a[1]	a[2]	a[3]	a[4]	a[5]	a[6]	a[7]	a[8]	a[9]

a 数组共有 10 个元素组成，在内存中这 10 个数组元素共占 10 个连续的存储单元。a 数组最小下标为 0，最大下标 9，按定义 a 数组所有元素都是整型变量。

【初始化数组】

在 C++ 中，可以逐个初始化数组，也可以使用一个初始化语句，如下所示：

```
double balance[5] = {1000.0, 2.0, 3.4, 7.0, 50.0}
```

大括号 {} 之间值的数目不能大于我们在数组声明时在方括号 [ ] 中指定的元素数目。如果省略掉了数组的大小，数组的大小则为初始化时元素的个数。因此，如果：

```
double balance[] = {1000.0, 2.0, 3.4, 7.0, 50.0};
```

上述程序将创建一个数组，它与前一个实例中所创建的数组是完全相同的。下面是一个为数组中某个元素赋值的实例：

```
balance[4] = 50.0;
```

该语句把数组中第五个元素的值赋为 50.0。

采用 memset 和 sizeof 初始化数组：

```
memset(balance, 0, sizeof(balance))
```

该语句将 balance 数组初始化为 0。

三、一维数组的访问

通过给出的数组名称和元素在数组中的位置编号（即下标），程序可以访问这个数组中的任何一个元素。所有数组都是以 0 作为它们第一个元素的索引，也被称为基索引，数组的最后一个索引是数组的总大小减 1。

数组元素通过数组名称及索引进行访问。元素的索引是放在方括号内，跟在数组名称之后，一维数组元素的访问格式如下：

```
arrayName[num]
```

例如，若 i、j 都是 int 型变量，则 a[5]、a[i+j]、a[i++] 都是合法的元素。

```
double salary = balance[9]
```

该语句将数组中第 10 个元素的值赋给 salary 变量。

【说明】

（1）num 为数组下标，它可以是任意值为整型的表达式，该表达式里可以包含变量和函数调用。引用时，下标值应在数组定义的下标值范围内。

（2）数组的下标可以是变量，通过对下标变量值的灵活控制，达到灵活处理数组元素的目的。

（3）C++ 语言只能逐个访问数组元素，而不能一次性访问整个数组。

（4）数组元素可以像同类型的普通变量那样使用，对其进行赋值和运算的操作。

四、实例

例 5.2　声明数组、数组赋值、访问数组

【题目描述】

声明一个包含 10 个整数的数组，初始化数组，给每个元素赋值为数组元

素下标加 100 的和，最后输出数组中每个元素的值。

【参考程序】

```cpp
#include <iostream>
#include <iomanip>
using namespace std;
int main ( )
{
    int n[10]; // n 是一个包含 10 个整数的数组
    // 初始化数组元素
    for ( int i = 0; i < 10; i++ )
        n[i] = i + 100; // 设置元素 i 为 i + 100
    cout << "Element" << setw(13) << "Value" << endl;
    // 输出数组中每个元素的值
    for ( int j = 0; j < 10; j++ )
        cout << setw(7)<< j << setw(13) << n[j] << endl;
    return 0;
}
```

【说明】

该参考程序使用了 setw（ ）函数来格式化输出。

【运行结果】

```
Element        Value
      0          100
      1          101
      2          102
      3          103
      4          104
      5          105
```

6	106
7	107
8	108
9	109

例 5.3　输出最大数所在位置

【题目描述】

输入 n（$n \leqslant 10\,000$）个整数，存放在数组 a[1] 至 a[n] 中，输出最大数所在位置。

【输入输出样例】

输入样例	输出样例
5 67 43 90 78 32	3

【分析】

设 maxa 存放最大值，k 存放对应最大值所在的数组位置。maxa 的初值为 a[1]，k 的初值对应为 1，枚举数组元素，找到比当前 maxa 大的数使其成为 maxa 的新值，k 值为对应数值的位置，输出最后的 k 值。

【参考程序】

```
#include <iostream>
using namespace std;
const int MAXN=10001;
int main( )
{
    int a[MAXN];              // 定义数组 a，长度为 10001
    int i,n,maxa,k;
    cin>>n;
    for (i=1;i<=n;i++)
```

```
        cin>>a[i];              // 读入 n 个存到 a[1]—a[n] 中
    maxa=a[1];k=1;              // 赋最大值初值和初始位置
    for(i=2;i<=n;i++)
        if (a[i]>maxa) {        // 枚举数组，找到最大数及其位置
            maxa=a[i];
            k=i;
        }
    cout<<k;                    // 输出最大数所在数组中的位置
    return 0;
}
```

例 5.4   100 位数的加法运算

【题目描述】

最近小明想用计算器进行两 100 位数的加法运算，你能用所学的数组知识帮他解决这个问题吗？

为了降低题目难度，计算器的两个操作数位数相同（＜101）。

【输入输出样例】

输入样例	输出样例
12343212343212343212 43212343212343212343	55555555555555555555

【分析】

在 C++ 中，数值的加、减、乘、除运算都已经在系统内部被定义好了，我们可以很方便地对两个变量进行简单的运算。然而对其中变量的取值范围有限制，以整数为例，最大的是 1ong long 类型，范围是 $[-2^{63}, 2^{63})$。题目中对 100 位的数进行加法运算，就不能用 C++ 的内部运算器了。回想一下我们小学数学课上的加法"竖式"运算。

首先把加数与被加数的个位对齐，然后使个位对个位、十位对十位、百位对百位，位位对应进行加法操作，有进位的要相应地进行处理。

我们不妨对每一个数位都创建一个整数变量进行存储。当两个数位分别相加时，这就需要借助数组进行存储，因此对进行运算的两个数分别用两个数组进行储存会使计算问题的实现变得十分方便。具体思路如下：

（1）用数组来存入操作数，如图 5.1 所示。

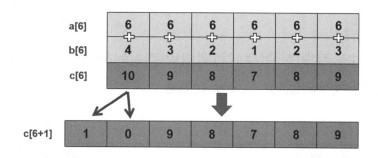

图 5.1 数组存入操作数

（2）产生进位处理，如图 5.2 所示。

图 5.2 数组存储进位

【参考程序】

```cpp
#include <bits/stdc++.h>
using namespace std;
int main( )
{
    char a[100],b[100];// 以字符数组形式存入操作数
    int c[101]={0};// 以整型数组形式实例化结果,且初始化数组,
方便计算时累加操作
    cin>>a>>b;
    for(int i=strlen(a)-1;i>=0;i--)// 从低位开始计算
    {
```

```
            c[i+1]+=a[i]+b[i]-96;// 从 i+1 开始赋值, 将下标为 0
的位置预留 ( 防止最高位进位时溢出 )
        if(c[i+1]>9) c[i]+=c[i+1]/10,c[i+1]%=10;// 进位计算
    }
    if(c[0]) cout<<c[0];// 如果最高位产生进位, 则先输出 c[0]
    for(int i=1;i<=strlen(a);i++)
        cout<<c[i];
    return 0;
}
```

例 5.5　排序

【题目描述】

小红最近在学习排序, 做题时想利用程序快速地检查自己做的题是否正确, 你能帮助她解决这个问题吗? ($n \leqslant 10\ 000$)

【输入输出样例】

输入样例	输出样例
5 5 3 1 2 4	1 2 3 4 5

【分析】

（1）用循环把 5 个数输入到 A 数组中。

（2）从 a[1] 到 a[5], 相邻的两个数两两相比较, 即: a[1] 与 a[2] 相比较, a[2] 与 a[3] 相比较, a[3] 与 a[4] 相比较, a[4] 与 a[5] 相比较。

只需知道两个数中的前面那元素的标号, 就能进行与后一个序号元素（相邻数）的比较, 可写成通用形式 a[i] 与 a[i+1] 比较, 比较次数又可用 1 ~（n–i）循环进行控制（即循环次数与两两相比较时前面那个元素序号有关）。

（3）在每次的比较中, 若较大的数在前面, 就把前后两数交换位置, 把较大的数调到后面, 否则无须调换。

下面例举 5 个数来说明两两相比较和交换位置的具体情形：

5 3 1 2 4 5 和 3 比较，交换位置，排成下行的顺序；

3 5 1 2 4 5 和 1 比较，交换位置，排成下行的顺序；

3 1 5 2 4 5 和 2 比较，交换位置，排成下行的顺序；

3 1 2 5 4 5 和 4 比较，交换位置，排成下行的顺序；

3 1 2 4 5 经过 1 ~（n–1）次比较后，将 5 调到了末尾。

经过第一轮的 1 ~（n–1）次比较，就能把 n 个数中的最大数调到最末尾位置，第二轮比较 1 ~（n–2）次进行同样处理，又把这一轮所比较的"最大数"调到比较范围的"最末尾"位置，……，每进行一轮两两比较后，其下一轮的比较范围就减少一个，最后一轮仅有一次比较。在比较过程中，每次都有一个"最大数"往下"掉"，这种排列顺序的方法常称为"冒泡法"排序。

【参考程序】

```cpp
#include <iostream>
using namespace std;
int main( ){
    int n, a[100];
    cin >> n;
    for (int i = 0; i < n; i++)
        cin >> a[i];
    for (int i, j, len = n; len > 0; len--){
        // i,j 总是从 0,1 开始 ,len 的大小一直在减小
        for (i = 0, j = 1; j < len, i < len - 1; i++, j++){
            if (a[i] > a[j]){// 比较和交换 , 交换 a[i] 和 a[j]
                int temp = a[i];
                a[i] = a[j];
                a[j] = temp;
            }
        }
```

```
    }
    for (int i = 0; i < n; i++)
        cout << a[i] << " ";
    return 0;
}
```

五、练习

练习1　105366.求极差

【题目描述】

给出 n（$n \leq 100$）和 n 个整数 a_i（$0 \leq a_i \leq 1\,000$），求这 n 个整数中的极差（极差是一组数中的最大值减去最小值的差）。

【输入输出样例】

输入样例	输出样例
6 1 1 4 5 1 4	4

练习2　100475.小鱼的数字游戏

【题目描述】

小鱼最近参加了一个数字游戏，要求它把看到的一串数字 a_i（长度不一定，以 0 结束）记住了然后反着念出来（表示结束的数字 0 不用念出来）。这对小鱼来说实在是太难了，所以请你帮小鱼编写程序解决这个问题。

【输入格式】

一行内输入一串整数，以 0 结束，以空格间隔。

【输出格式】

一行内倒着输出上述一串整数，以空格间隔。

【输入输出样例】

输入样例	输出样例
3 65 23 5 34 1 30 0	30 1 34 5 23 65 3

【说明】

数据规模与约定：

对于数据，保证 $0 \leq a_i \leq 2^{31}-1$，且数字个数不超过 1 000。

练习 3　109927. 奇怪的数列 1

【题目描述】

小利在书上看到一个数列，第一个值为 1，对于之后的每个值，比如第 i 个值，当 i 为奇数时，则 $F(i)=F(i-1)$；当 i 为偶数时，则 $F(i)=F(i/2)+1$。现在小利想知道 $F(n)$ 等于多少。

【输入格式】

输入一行，为一个正整数 n。

【输出格式】

输出一行，为一个正整数 $F(n)$。

【输入输出样例】

输入样例	输出样例
10	4

【说明】

$n \leq 10\,000$。

练习 4　109928. 奇怪的数列 2

【题目描述】

小利又在书上看到一个数列，第一个值为 1，对于之后的每个值，比如第 i 个值，当 i 为奇数时，则 $F(i)=F(i-1)+1$；当 i 为偶数时，则 $F(i)=F(i/2)$。

现在小利想知道 $F(n)$ 等于多少。

【输入格式】

输入一行，为一个正整数 n。

【输出格式】

输出一行，为一个正整数 $F(n)$。

【输入输出样例】

输入样例	输出样例
10	2

练习5　108883.斐波那契数列

【题目描述】

斐波那契数列：数列的第一个和第二个数都为 1，接下来的每个数都等于定前面 2 个数的和。给出一个正整数 k，求斐波那契数列中第 k 个数是多少？

【输入格式】

输入一行，为一个正整数 k（$1 \leq k \leq 46$）。

【输出格式】

输出一行，为一个正整数，表示斐波那契数列中第 k 个数的大小。

【输入输出样例】

输入样例	输出样例
4	3

第二节　维度升级——二维数组

一、统计多科成绩

我们可以用一维数组来存储一个班级同学的语文成绩，见表 5.2。

表 5.2　一维数组存储成绩

成绩	98	98	77	89	100	95	98	99	92	97
学号	0	1	2	3	4	5	6	7	8	9

数组的每一格代表一位同学的成绩，可通过下标访问数组的元素，但如果要存储一个班所有同学的语文、数学、英语成绩，应该怎么实现呢？

例如，存储一个班同学的学号及语文、数学、英语成绩。

【难点分析】

使用一维数组只能存储一个班级学生的单科成绩，那么要存储一个班学生的三科成绩要定义多个一维数组吗？

【解决方法】

定义二维数组，就能存储多个一维数组，见表 5.3。

表 5.3　二维数组

	j=0	j=1	j=2	j=3
i=0	1	99	98	96
i=1	2	97	97	96
i=2	3	90	99	95

当一维数组中元素的类型也是一维数组时，便构成了"数组的数组"，即二维数组，多维数组最简单的形式也是二维数组。一个二维数组本质上是一个一维数组的列表。

例 5.6　统计学生语文、数学、英语成绩

【题目描述】

输入学生人数 n（$0 \leqslant n \leqslant 100$）和 n 名学生的语文、数学、英语成绩，求各科成绩的平均分并打印出来。

【输入格式】

第一行输入人数 n 的值（$0 \leqslant n \leqslant 100$），第二行及之后每行输入每个人的语文、数学、英语成绩，三科成绩间用空格分隔，以回车结束每个人的成绩输入，并继续输入下一个人的成绩。

【输出格式】

第一行输出语文平均分，第二行输出数学平均分，第三行输出英语平均分。

【输入输出样例】

输入样例	输出样例
3 88 98 86 98 78 90 100 96 88	语文平均分为：95.3333 数学平均分为：90.6667 英语平均分为：88

【参考程序】

```cpp
#include <iostream>
using namespace std;
int main( )
{
    int array[100][3], i, j, n;
    float sum1 = 0, sum2 = 0, sum3 = 0;
    cout << "请输入学生人数";
    cin >> n;
    for (int i = 0; i < n; i++){
```

```
        cout << "请输入第" << i + 1 << "个人的分数 ( 语数英
成绩以空格隔开，回车结束 ) : ";
        for (int j = 0; j < 3; j++){
            cin >> array[i][j];
        }
        sum1 = sum1 + array[i][0];
        sum2 = sum2 + array[i][1];
        sum3 = sum3 + array[i][2];
    }
    cout << "语文平均分为: " << sum1 / n << endl;
    cout << "数学平均分为: " << sum2 / n << endl;
    cout << "英语平均分为: " << sum3 / n << endl;
}
```

【运行结果】

请输入学生人数 3

请输入第 1 个人的分数 (语数英成绩以空格隔开，回车结束) : 88 98 86

请输入第 2 个人的分数 (语数英成绩以空格隔开，回车结束) : 98 78 90

请输入第 3 个人的分数 (语数英成绩以空格隔开，回车结束) : 100 96 88

语文平均分为: 95.3333

数学平均分为: 90.6667

英语平均分为: 88

二、二维数组的定义

二维数组定义的一般格式：

type arrayName [arraySize1] [arraySize2];

其中，type 可以是任意有效的 C++ 数据类型，arrayName 是一个有效的 C++ 标识符。

例如，int a[3][4]。二维数组定义见表 5.4。

表 5.4　二维数组定义

	Column 0	Column 1	Column 2	Column 3
Row 0	a[0][0]	a[0][1]	a[0][2]	a[0][3]
Row 1	a[1][0]	a[1][1]	a[1][2]	a[1][3]
Row 2	a[2][0]	a[2][1]	a[2][2]	a[2][3]

一个二维数组可以被认为是一个 x 行、y 列的表格。表 5.4 是一个二维数组，其中 3 行、4 列 a 数组实质上是一个 4 行、5 列的表格，表格中可存储 12 个元素。数组中的每个元素是使用形式为 a[i , j] 的元素名称来标识的，其中 a 是数组名称，i 和 j 是唯一标识 a 中每个元素的下标。第 1 行、第 1 列对应 a 数组的 a[0][0]，第 n 行第 m 列对应数组元素 a[n–1][m–1]。

当定义的数组下标有多个时，称为多维数组，下标的个数不局限于一个或二个，可以是任意多个，如定义一个三维数组 a 和四维数组 b：

```
int a[100][3][5];
int b[100][100][3][5];
```

多维数组引用赋值等操作与二维数组类似。

三、二维数组的初始化

二维数组的初始化与一维数组类似，可以将每一行分别写在各自的括号里，也可以把所有数据写在一个括号里。

列举如下：

```
int a[3][4] = {
  {0, 1, 2, 3},        /* 初始化索引号为 0 的行 */
  {4, 5, 6, 7},        /* 初始化索引号为 1 的行 */
  {8, 9, 10, 11},      /* 初始化索引号为 2 的行 */};
```

虽然下面这种初始化方式与上述例子的是等同的，但我们尽量不用。

```
int a[3][4] = {0,1,2,3,4,5,6,7,8,9,10,11};
```

四、二维数组元素的访问

二维数组的数组元素访问与一维数组元素引用类似，区别在于二维数组元素的访问必须给出两个下标（即数组的行索引和列索引）。

访问的格式为：

`<arrayName>[num1][num2]`

每个下标表达式的取值不应超出下标所指定的范围，否则会导致越界错误。

例如，设有定义：int a[5][2]; 则表示 a 是二维数组，共有 5×2=10 个元素，分别是：

$$a[0][0], a[0][1],$$
$$a[1][0], a[1][1],$$
$$a[2][0], a[2][1],$$
$$a[3][0], a[3][1],$$
$$a[4][0], a[4][1]$$

可以将上述二维数组看成一个矩阵（或表格），a[2][1] 即表示第 3 行、第 2 列的元素。

五、实例

例 5.7 移树

【题目描述】

某校大门外长度为 l 的马路上有一排树，每两棵相邻的树之间的间隔都为 1 米。我们可以把马路看成一个数轴，马路的一端在数轴 0 的位置，另一端在 l 的位置；数轴上的每个整数点，即 0，1，2，…，l，都种有一棵树。

马路上有一些区域要用来建地铁，这些区域用它们在数轴上的起始点和终止点表示。已知任一区域的起始点和终止点的坐标都是整数，区域之间可能有重合的部分。现在要把这些区域中的树（包括区域端点处的两棵树）移走。你的任务是计算将这些树都移走后，马路上还有多少棵树。

【输入格式】

第一行有两个整数，分别表示马路的长度 l 和区域的数目 m。

接下来 m 行，每行均有两个整数 u、v，表示一个区域的起始点和终止点的坐标。

【输出格式】

输出一行，为一个整数，表示将这些树都移走后，马路上剩余的树木数量。

【输入输出样例】

输入样例		输出样例
500	3	298
150	300	
100	200	
470	471	

【参考程序】

```cpp
#include <iostream>
using namespace std;
int main( )
{
    // 存储起始点和终止点，存储树状态的数组，并初始化为0代表
不会被拆除；
    //count=0 记录剩下的树的计数器
    int a[100][2],l,m,b[10000]={0},count=0;
    cin>>l>>m;
    for(int i=0;i<m;i++) cin>>a[i][0]>>a[i][1];
    for(int i=0;i<m;i++)
        for(int j=a[i][0];j<=a[i][1];j++)
            b[j]=1;// 将第 i 次操作中的第 a[i][0] 到 a[i][1]
的树的状态改为1
    for(int i=0;i<=l;i++)
        if(b[i]==0) count++;
    cout<<count;
    return 0;
}
```

例 5.8　杨辉三角

【题目描述】

给出 n （ $n \leq 20$ ），打印杨辉三角的前 n 行。

如果你不知道什么是杨辉三角，可以观察样例找找规律。

【输入输出样例】

输入样例	输出样例
6	1
	1 1
	1 2 1
	1 3 3 1
	1 4 6 4 1
	1 5 10 10 5 1

【分析】

不难发现杨辉三角形其实就是一个二维表的小三角形部分，假设通过二维数组 a 存储，每行首、尾元素均为 1，且其中任意一个非首尾元素 a[i][j] 的值等于 a[i–1][j–1] 与 a[i–1][j] 的和，每一行元素的个数刚好等于行数。有了数组元素的值，要打印杨辉三角形，只需控制好输出起始位置即可。

【参考程序】

```cpp
#include <iostream>
using namespace std;
int main( ){ // 初始化二维数组，方便后面 +=，-= 的使用，以及
防止计算时出错
    int n,a[22][22]={0};
    cin>>n;
    a[1][1]=1;// 给第一个数赋值，下标从 1 开始，防止计算时出错
    for(int i=1;i<=n;i++)
        for(int j=1;j<=n;j++)
```

```
                // 第 i 行、第 j 列的数的值等于它的左上方的数加上方的数的值
            a[i][j] += a[i-1][j] + a[i-1][j-1];
    for(int i=1;i<=n;i++){
        for(int j=1;j<=n;j++)
            if(a[i][j]!=0)
                cout<<a[i][j]<<" ";
        cout<<"\n";
    }
    return 0;
}
```

六、练习

练习 1   101548. 彩票摇奖

【题目描述】

为了丰富人民群众的生活，支持社会公益事业，某区发行了一项彩票。该彩票的规则是：

（1）每张彩票上印有 7 个各不相同的号码，且这些号码的取值范围为 [1，33]。

（2）每次在兑奖前都会公布一个由 7 个各不相同的号码构成的中奖号码。

（3）共设置 7 个奖项，即特等奖和一等奖至六等奖。

兑奖规则如下：

特等奖：要求彩票上 7 个号码都出现在中奖号码中。

一等奖：要求彩票上有 6 个号码出现在中奖号码中。

二等奖：要求彩票上有 5 个号码出现在中奖号码中。

三等奖：要求彩票上有 4 个号码出现在中奖号码中。

四等奖：要求彩票上有 3 个号码出现在中奖号码中。

五等奖：要求彩票上有 2 个号码出现在中奖号码中。

六等奖：要求彩票上有 1 个号码出现在中奖号码中。

注：兑奖时并不考虑彩票上的号码和中奖号码中的各个号码出现的位置。

例如，中奖号码为 23、31、1、14、19、17、18，则彩票有 12、8、9、23、1、16、7，由于其中有两个号码（23 和 1）出现在中奖号码中，所以该彩票中了五等奖。

现已知中奖号码和小明买的若干张彩票的号码，请你编写一个程序帮助小明判断彩票的中奖情况。

【输入格式】

输入的第一行只有一个自然数 n，表示小明买的彩票张数。

第二行存放了 7 个自然数，其取值范围均为 [1，33]，表示中奖号码。

在随后的 n 行中每行都有 7 个自然数，其取值范围均为 [1，33]，分别表示小明所买的 n 张彩票。

【输出格式】

依次输出小明所买的彩票的中奖情况（中奖的张数），首先输出特等奖的中奖张数，然后依次输出一等奖至六等奖的中奖张数。

【输入输出样例】

输入样例	输出样例
2 23 31 1 14 19 17 18 12 8 9 23 1 16 7 11 7 10 21 2 9 31	0 0 0 0 0 1 1

【说明】

数据规模与约定：

对于数据，保证 $1 \leq n < 1\,000$。

练习2　100804.插火把

【题目描述】

一天李勇森在"我的世界"开了一个 $n \times n$（$n \leq 100$）的方阵，现在他有 m 个火把和 k 个萤石，分别放在 (x_1, y_1)，...，(x_m, y_m) 和 (o_1, p_1)，...，$(o_k,$

p_k）的位置，没有光或没放东西的地方会生成怪物。请问在这个方阵中有几个点会生成怪物？

火把：照亮的范围：					萤石：放置的位置：				
暗	暗	光	暗	暗	光	光	光	光	光
暗	光	光	光	暗	光	光	光	光	光
光	光	火把	光	光	光	光	萤石	光	光
暗	光	光	光	暗	光	光	光	光	光
暗	暗	光	暗	暗	光	光	光	光	光

【输入格式】

输入共有 $m+k+1$ 行。

第一行为三个数，分别为 n、m、k，数间用空格隔开。

第二至第 $m+1$ 行分别为火把的位置（x_i，y_i）。

第 $m+2$ 至第 $m+k+1$ 行分别为萤石的位置（o_i，p_i）。

注：本题中可能存在没有萤石的情况，但一定会有火把，所以保证输入数据在 int 范围内。

【输出格式】

生出怪物的位置数量。

【输入输出样例】

输入样例	输出样例
5 1 0 3 3	12

练习3　109158.神奇的幻方

【题目描述】

幻方是一种很神奇的 $N×N$ 矩阵，由数字 1，2，3，…，$N×N$ 构成，且每行、每列及两条对角线上的数字之和都相同。当 N 为奇数时，我们可以通过以下方法构建一个幻方：首先将 1 写在第一行的中间。然后，按如下方式从小到

大依次填写每个数 K（K=2，3，…，$N \times N$）：

（1）若（K–1）在第一行但不在最后一列，则将 K 填在最后一行，即（K–1）所在列的右一列。

（2）若（K–1）在最后一列但不在第一行，则将 K 填在第一列，即（K–1）所在行的上一行。

（3）若（K–1）在第一行最后一列，则将 K 填在（K–1）的正下方。

（4）若（K–1）既不在第一行，也不在最后一列，并且（K–1）的右上方还未填数，则将 K 填在（K–1）的右上方，否则将 K 填在（K–1）的正下方。

现给定 N，请按上述方法构建 $N \times N$ 的幻方。

【输入格式】

输入只有一行，只有一个整数，即幻方的大小。

【输出格式】

输出包含 N 行，每行有 N 个整数，即按上述方法构建 $N \times N$ 的幻方。相邻两个整数之间用单个空格隔开。

【输入输出样例】

输入样例	输出样例
3	8 1 6
	3 5 7
	4 9 2

【说明】

数据规模与约定：

对于数据，保证 $1 \leqslant N \leqslant 39$ 且为奇数。

第三节　字符数组与字符串类型

一、信息加密

数据加密的基本过程就是对原来是明文的文件或数据按某种算法进行处理，使其成为不可读的一段代码"密文"，只能在输入相应的密钥（图 5.1）之后才能显示出原貌，通过这样的途径来达到保护数据不被非法窃取、阅读的目的。该过程的逆过程称为解密，即将该编码信息转化为其原来数据的过程。

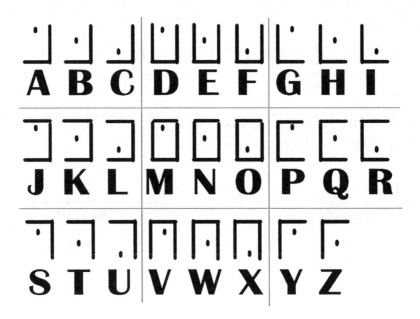

图 5.1　密钥

例 5.9　文字加密

【题目描述】

现在给定一个字符串，对其进行加密处理。

加密的规则如下：

输入一串只包含字母的内容（长度不超过 1 000），按 a~z，A~Z 的顺序，z（Z）的下一个字符为 a（A），将字符串所有字符加 n（n<26），请你输出加

密后的字符串。

【难点分析】

用数组怎么存储字符串呢?

【解决方法】

使用字符数组存储字符串。

【输入输出样例】

输入样例	输出样例
AEdxWz	XBauTw

【参考程序】

```
#include <iostream>
#include <cstring>
using namespace std;
int main( )
{
    char a[1001];
    int n;
    cout <<"请输入明文字符串: ";
    cin >> a;
    cout <<"请输入密钥规则 n(n<26) 的值: ";
    cin >> n;
    cout <<"转换输出的密文为: ";
    for (int i = 0; i < strlen(a); i++){
        if (a[i] + n > 'z' && a[i] >= 'a' && a[i] <= 'z')
            cout << (char)(a[i] + n - 26);
        else if (a[i] + n > 'Z' && a[i] >= 'A' && a[i] <=
'Z')
```

```
            cout << (char)(a[i] + n - 26);
        else
            cout << (char)(a[i] + n);
    }
    return 0;
}
```

【运行结果】

请输入明文字符串：AEdxWz

请输入密钥规则 n(n<26) 的值：23

转换输出的密文为：XBauTw

二、字符类型

无论数组的下标有几个，类型如何，数组中全体元素的类型必须相同。数组元素的类型可以是任何类型，当它是字符型时，我们称之为字符数组。由于字符数组与字符类型的应用是计算机非数值处理的重要方面之一，所以我们把它们两个放在一起进行讨论。

字符类型是由一个字符组成的字符常量或字符变量。

字符常量定义：

const　字符常量 = '字符'。

字符变量定义：

 char 字符变量。

字符类型是一个有序类型，字符的大小顺序按其 ASCII 代码的大小而定。

三、字符数组

字符数组是指元素为字符的数组。字符数组用来存放字符序列或字符串。字符数组也有一维、二维和三维之分。

1. 字符数组的定义格式

字符数组的定义格式类似于一般数组，所不同的是数组类型是字符型，第一个元素同样是从 ch1[0] 开始，而不是 ch1[1]。具体格式如下：

[存储类型] char 数组名 [常量表达式 1]…

例如：

char ch1[5]; // 数组 ch1 是一个具有 5 个字符元素的一维字符数组

char ch2[3][5]; // 数组 ch2 是一个具有 15 个字符元素的二维字符数组

2. 字符数组的赋值

字符数组的赋值类似于一维数组，赋值分为数组的初始化和数组元素的赋值。初始化的方式分为字符初始化和字符串初始化两种，也有使用初始值表进行初始化的。

（1）字符初始化数组。例如：

char chr1[5]={'a','b','c','d','e'};

初始值表中的每个数据项是一个字符，用字符给数组 chr1 的各个元素初始化。当初始值个数少于元素个数时，从首个元素开始赋值，剩余元素默认为空字符。

字符数组中可以存放若干个字符，也可以存放字符串。两者的区别是字符串有一结束符（'\0'）。反过来说，在一维字符数组中存放着带有结束符的若干个字符称为字符串。字符串是一维数组，但是一维字符数组不等于字符串。例如：

char chr2[5]={'a','b','c','d','\0'};

即在数组 chr2 中存放着一个字符串"abcd"。

（2）字符串初始化数组。

用一个字符串初始化一个一维字符数组，可以写成下列形式：

char chr2[5]="abcd";

使用此格式要注意字符串的长度应小于字符数组的大小或等于字符数组的大小减 1。同理，对二维字符数组来讲，可存放若干个字符串，可使用由若干个字符串组成的初始值表给二维字符数组初始化。例如：

char chr3[3][4]={"abc","mno","xyz"};

即在数组 chr3 中存放 3 个字符串，每个字符串的长度不得大于 3。

（3）数组元素的赋值。

字符数组的赋值是给该字符数组的各个元素赋一个字符值。例如：

```
char chr[3];
chr[0]='a'; chr[1]='b';chr[2]='c';
```

对二维、三维字符数组也是如此。当需要将一个数组的全部元素值赋予另一数组时，不可以用数组名直接赋值的方式，要使用字符串拷贝函数来完成。

（4）字符常量和字符串常量的区别。

①两者的定界符不同，字符常量由单引号括起来，字符串常量由双引号括起来。

②字符常量只能是单个字符，字符串常量则可以是多个字符。

③可以把一个字符常量赋值给一个字符变量，但不能把一个字符串常量赋值给一个字符变量。

④字符常量占一个字节，而字符串常量占用字节数等于字符串的字节数加1。增加的一个字节中存放字符串结束标志 \0。例如：字符常量 'a' 占一个字节，字符串常量 "a" 占二个字节。

四、字符串的输入与输出

字符串可以作为一维字符数组来进行处理，那么字符串的输入和输出也可以按照数组元素来处理，如何将字符串 "hello" 存储到数组中呢？

1. 输入

从键盘输入一个字符数组可以使用多种方式。

（1）采用 for 循环逐个输入（不含空格输入）。

```
for(int i=0; i<n; i++)
    {
    cin>>a[i];
    }
```

（2）通过 cin 语句输入（不含空格输入）。

```
cin>> 数组名称;
```

```
cin>>a;
```

（3）使用 gets 语句输入（含空格输入）。

```
gets( 字符串名称 );
```

说明：使用 gets 只能输入一个字符串。

例如：gets（s1,s2）；是错误的。使用 gets，是从光标开始的地方读到换行符，即读入的是一整行。

（4）getline 语句（含空格输入）。

```
cin.getline( 数组名称 , 数组长度 );
```

2. 输出

向屏幕输出一个字符串可以使用多种方式。

（1）使用 for 循环逐个输出。

```
for(int i=0; i<n; i++){
    cout<<a[i];
    }
```

（2）使用 cout 语句。

```
cout<< 数组名称 ;
cout<<a;
```

（3）使用 puts 语句。

```
puts( 字符串名称 );
```

说明：puts 语句能输出一个字符串和一个换行符。

五、字符串处理函数

系统提供了一些字符串处理函数，用来为用户提供一些字符串的运算。常用的字符串函数如下所示。

（1）strlen（str）函数。

功能：用于计算字符串 str 中有效字符的个数。

```
#include <iostream>
#include <cstring>// 字符串函数头文件
using namespace std;
```

```
int main( )
{
    char a[20] = {'h','e','l','l','o'};
    cout<<strlen(a);// 函数里只需写数组名称
    return 0;
}
```

（2）strcmp（str1,str2）函数。

功能：将两个字符串自左向右逐个字符相比较（按 ASCII 值大小相比较），直到出现不同的字符或遇 '\0' 为止。

① "A"<"B"

② "A"<"AB"

③ "Apple"<"Banana"

④ "A"<"a"

⑤ "compare"<"computer"

其他常用的字符串函数见表 5.5。

表 5.5　常见字符串函数

函数格式	函数作用
strcat（字符串名 1,字符串名 2）	将字符串 2 连接到字符串 1 后边，返回字符串 1 的值
strncat（字符串名 1,字符串名 2,长度 n）	将字符串 2 前 n 个字符连接到字符串 1 后边，返回字符串 1 的值
strcpy（字符串名 1,字符串名 2）	将字符串 2 复制到字符串 1 后边，返回字符串 1 的值
strncpy（字符串名 1,字符串名 2,长度 n）	将字符串 2 前 n 个字符复制到字符串 1 后边，返回字符串 1 的值
strcmp（字符串名 1,字符串名 2）	比较字符串 1 和字符串 2 的大小，比较的结果由函数带回；如果字符串 1>字符串 2,返回一个正整数；如果字符串 1=字符串 2,返回 0；如果字符串 1<字符串 2,返回一个负整数

续表 5.5

函数格式	函数作用
strncmp （字符串名 1, 字符串名 2, 长度 n）	将字符串 1 和字符串 2 的前 n 个字符进行比较，函数返回值的情况同 strcmp 函数
strlen（字符串名）	计算字符串的长度，终止符 '\0' 不算在长度之内
strlwr（字符串名）	将字符串中大写字母换成小写字母
strupr（字符串名）	将字符串中小写字母换成大写字母

六、实例

例 5.10 统计数字字符

【题目描述】

输入一串内容（长度不超过 1 000），统计出数字字符的个数，并输出其他字符（输出的字符不含数字字符）。

【输入输出样例】

输入样例	输出样例
Abc12fds34	Abcfds 4

【参考程序】

```cpp
#include <iostream>
#include <cstring>
using namespace std;
int main( )
{
    char a[1001];
    int count=0;//计数器
    cin>>a;//字符数组直接输入，无需一个变量一个变量地输入
    //从 0 到 (a 的字符数组有效长度减 1) 遍历数组每个变量
```

```
    for(int i=0;i<strlen(a);i++)
    {
        if(a[i]<='9'&&a[i]>='0')//ASCII 码中数字字符
            count++;
        else
            cout<<a[i];
    }
    cout<<"\n"<<count;
    return 0;
}
```

例 5.11　回文数

【题目描述】

输入一串内容（长度不超过 1 000），再将内容倒序输出。

【输入输出样例】

输入样例	输出样例
abcdefghijk	kjihgfedcba

【参考程序 1】

```
#include <iostream>
#include <cstring>
using namespace std;
int main( )
{
    char a[1001],b[1001];
    cin>>a;
    for(int i=0;i<strlen(b);i++) // 倒序存放
        b[i] = a[strlen(a)-1-i];
```

```
        cout<<b;
        return 0;
    }
```

【参考程序 2】

```
#include <iostream>
#include <cstring>
using namespace std;
int main( )
{
    char a[1001];
    cin>>a;
    // 索引从 a 的最后一个有效字符开始倒序访问
    for(int i=strlen(a)-1;i>=0;i--)
        cout<<a[i];
    return 0;
}
```

例 5.12 替换任务

【题目描述】

在应用计算机编辑文档时，我们经常遇到替换任务。如把文档中的"电脑"均替换成"计算机"。现在请你编写程序模拟一下这个操作。

输入两行内容，第 1 行是原文（长度不超过 200 个字符），第 2 行包含以空格分隔的两个字符 A 和 B，要求将原文中所有的字符 A 都替换成字符 B，要注意区分大小写字母。

【输入输出样例】

输入样例	输出样例
I love China. I love Beijing. I U	U love China. U love Beijing.

【分析】

首先要将给定的原文保存在字符数组里。然后在原文中，从头开始寻找字符 A，找到一个字符 A，便将其替换成字符 B；继续寻找下一个字符 A，找到了就替换，……，直到将原文都处理完。如下程序只能处理单个字符替换，无法处理单词替换，I 与 U 中间只能有一个空格。

【参考程序】

```
#include <cstdio>
#include <iostream>
using namespace std;
int main( )
{
    char st[200];
    char A,B; int i,n=0;
    while((st[n++]=getchar( ))!='\n')      //将原文存放在字符
数组 st 中
     A=getchar( );getchar( );B=getchar( ); // 读取 A、B，中
间 getchar( ) 读空格
    for (i=0;i<n;i++)
        if (st[i]==A) cout<<B;
        else cout<<st[i];
    cout<<endl;
    return 0;
}
```

例 5.13 国家名排序

【题目描述】

给定 10 个国家名，按其字母的顺序输出。

【参考程序 1】

```
#include <cstdio>        //方法 1
#include <iostream>
#include <cstring>
using namespace std;
int main( )
{
    char t[21],cname[11][21];
    for (int i=1; i<=10; ++i)
        gets(cname[i]);        //gets 为专门读字符串的函数，读
取一行字符串
    for (int i=1; i<=9; ++i)
    {
        int k=i;
        for (int j=i+1; j<=10; ++j)
            if (strcmp(cname[k],cname[j])>0) k=j;
        strcpy(t,cname[i]);
        strcpy(cname[i],cname[k]);
        strcpy(cname[k],t);
    }
    for (int i=1; i<=10; ++i)
        cout<<cname[i]<<endl;
    return 0;
}
```

【参考程序 2】

```
#include <algorithm>        // 方法 2
#include <iostream>
#include <string>
```

```
using namespace std;
string cname[10];
int main( )
{
    for (int i=0;i!=10;++i)
        getline(cin,cname[i]);
    sort(cname,cname+10);// 利用C++库函数排序
    for (int i=0;i!=10;++i)
        cout<<cname[i]<<endl;
     return 0;
}
```

七、练习

练习1   105375.自动修正

【题目描述】

大家都知道一些办公软件有自动将字母转换为大写的功能。输入一个长度不超过 100 且不包括空格的字符串，要求将该字符串中的所有小写字母都变成大写字母并输出。

【输入输出样例】

输入样例	输出样例
hagongda666!	HAGONGDA666!

练习2   104465.凯撒密码

【题目背景】

甲同学迷上了"小书童"，有一天登陆时忘记密码了（他没绑定邮箱或手机），于是便把问题抛给了你，请你帮他解决一下。

【题目描述】

甲同学虽然忘记了密码，但他还记得密码是由一个字符串组成的。密码是

由原文字符串（由不超过 50 个小写字母组成）中每个字母向后移动 *n* 位形成的，如 z 的下一个字母是 a，如此循环。他现在找到了移动前的原文字符串及 *n*，请你求出密码。

【输入格式】

第一行输入 *n*。

第二行输入未移动前的一串字母。

【输出格式】

输出一行，是甲同学的密码。

【输入输出样例】

输入样例	输出样例
1 qwe	rxf

练习 3　100641.语句解析

【题目描述】

一串长度不超过 255 的 PASCAL 语言代码，只有 a、b、c 三个变量，而且只有赋值语句，赋值只能是一个一位的数字或一个变量，每条赋值语句的格式是 '[变量]:=[变量或一位整数];'。如未赋值的变量值为 0，则输出 a、b、c 的值。

【输入格式】

给 a、b、c 三个变量赋值，赋值只能是一个一位数字或者一个变量，未赋值的变量为 0。

【输出格式】

输出 a、b、c 最终的值。

【输入输出样例】

输入样例	输出样例
a:=3;b:=4;c:=5;	3 4 5

练习4　102727. 慧婷的键盘

【题目背景】

慧婷有一个只有两个键的键盘。

【题目描述】

一天，慧婷打出了一个只有这两个字符的字符串。当这个字符串里含有
VK 时，慧婷就特别喜欢这个字符串。所以，她想改变至多一个字符（或者不
做任何改变）来最大化这个字符串内 VK 出现的次数。给出原来的字符串，请
计算她最多能使这个字符串内出现多少次 VK（只有当 V 和 K 正好相邻时，我
们认为出现了 VK）。

【输入格式】

第一行给出一个数字 n，代表字符串的长度。

第二行给出一个字符串 s。

【输出格式】

输出一行，即一个整数代表所求答案。

【输入输出样例】

输入样例	输出样例
2 VV	1

【说明】

数据规模与约定：

对于数据，$1 \leq n \leq 100$。

练习5　100967. 口算练习题

【题目描述】

王老师正在教简单的算术运算。细心的王老师收集了 i 道学生经常做错的
口算题，并且想整理编写成一份练习。编排这些题目是一件繁琐的事情，为此

他想用计算机程序来提高工作效率。王老师希望尽量减少输入的工作量，比如5+8的算式最好只要输入5和8，输出的结果要尽量详细以方便后期排版的使用，比如对于上述输入进行处理后输出5+8=13及该算式的总长度6。王老师把这个光荣的任务交给了你，请你帮他编写程序实现以上功能。

【输入格式】

第一行输入数值 i，接着的 i 行为需要输入的算式，每行可能有三个或两个数据。

若该行有三个数据则第一个数据表示运算类型，a 表示加法运算，b 表示减法运算，c 表示乘法运算，接着的两个数据表示参加运算的运算数。

若该行有两个数据，则表示本题的运算类型与上一题的运算类型相同，这两个数据为运算数。

【输出格式】

输出 $2 \times i$ 行。对于每个输入的算式，输出完整的运算式及结果，第二行输出该运算式的总长度

【输入输出样例】

输入样例	输出样例
4	64+46=110
a 64 46	9
275 125	275+125=400
c 11 99	11
b 46 64	11*99=1089
	10
	46-64=-18
	9

【说明】

数据规模与约定：

$0 < i \leqslant 50$，运算数为非负整数且小于 10 000。

对于 50% 的数据，输入的算式都有三个数据，且第一个算式一定有三个数据。

第四节　数组综合实战

一、实例

例 5.14　走阶梯

【题目描述】

一个楼梯有 n 级，小苏同学从下往上走，一步可以跨一级或两级。试求当他走到第 n 级楼梯时，共有多少种走法？

【输入格式】

输入一行，即一个整数 n，$0 < n \leqslant 30$。

【输出格式】

输入一行有 n 个整数，之间用一个空格隔开，表示走到第 1 级，第 2 级，……，第 n 级分别有多少种走法。

【输入输出样例】

输入样例	输出样例
2	1 2

【分析】

假设 $f(i)$ 表示走到 i 级楼梯的走法，则走到第 i（$i > 2$）级楼梯有两种可能：

一种是从第 i–1 级楼梯走过去；

另一种是从第 i–2 级楼梯走过去。

根据加法原理，总走法就是两种可能性加起来，即 $f(i)=f(i-1)+f(i-2)$，边界条件为：$f(1)=1$，$f(2)=2$。具体实现时，定义一维数组 f，用赋值语句从前往后对数组的每一个元素逐个赋值。初始 f[1]=1，f[2]=2，之后对于每个 i > 2 的元素赋值，规则是，f[i]=f[i–1]+f[i–2]。

【参考程序】

```cpp
#include <iostream>
using namespace std;
int main( )
{
    int n,i,f[31];
    cin>>n;
    f[1]=1; f[2]=2;
    for(i=3;i<=n;i++)
    {
        f[i]=f[i-1]+f[i-2];
    }
    for(i=1;i<=n;i++)
    {
        cout<<f[i]<<" ";
    }
    return 0;
}
```

例 5.15 幸运数

【题目描述】

判断一个正整数 n 是否能被一个"幸运数"整除。幸运数是指一个只包含 4 或 7 的正整数，如 7、47、477 等都是幸运数，17、42 则不是幸运数。

【输入格式】

输入一行，为一个正整数 n，$1 \leqslant n \leqslant 1\,000$。

【输出格式】

输出一行，为一个字符串，如果能被幸运数整除则输出 YES，否则输出 NO。

【输入输出样例】

输入样例	输出样例
47	YES

【分析】

分析发现，1 ~ 1 000 范围内的幸运数只有 14 个。于是，将这 14 个幸运数直接存储到一个数组 lucky 中，再穷举判断其中有没有一个数能被 n 整除。

【参考程序】

```cpp
#include <iostream>
using namespace std;
int main( )
{
    int n;
    int lucky[14]={4,7,44,47,74,77,444, 447, 474, 477,
744, 747, 774, 777};
    cin>>n;
    bool flag=false;
    for(int i=0;i<14;i++){
        if(n%lucky[i]==0)
            flag=true;
    }
    if(flag)
        cout<<"YES"<<endl;
    else
        cout<<"NO"<<endl;
    return 0;
}
```

例 5.16 插队问题

【题目描述】

有 n 个人（每个人有一个唯一的编号，用 $1 \sim n$ 之间的整数表示）在一个水龙头前排队准备接水，现在第 n 个人有特殊情况，经过协商，大家允许他插队到第 x 个位置。请输出第 n 个人插队后的排队情况。

【输入格式】

输入有三行，第一行为 1 个正整数 n，表示有 n 个人，$2 < n \leqslant 100$。

第二行包含 n 个正整数，用空格间隔，表示队伍中的第 $1 \sim n$ 个人的编号。

第三行包含 1 个正整数 x，表示第 n 个人插队的位置，$1 \leqslant x < n$。

【输出格式】

输出一行，包含 n 个正整数，用空格间隔，表示第 n 个人插队后的排队情况。

【输入输出样例】

输入样例	输出样例
7 7 2 3 4 5 6 1 3	7 2 1 3 4 5 6

【分析】

n 个人的排队情况可以先用数组 q 表示，q[i] 表示排在第 i 个位置上的人。定义数组时多定义一个位置，然后重复执行：q[i+1]=q[i]，其中，i 从 $n-x$ 开始。最后再执行 q[x]=q[n+1]，输出 q[1] ~ q[n]。

【参考程序】

```
#include <iostream>
using namespace std;
int main( ){
    int n,x,q[101], i;
    scanf("%d",&n);
```

```
    int n,x,q[101], i;
    scanf("%d",&n);
    for(i=1;i<=n;i++){
        scanf("%d",&q[i]);
    }
    scanf("%d",&x);
    for(i=n;i>=x;i--){
        q[i+1]=q[i];
    }
    q[x]=q[n+1];
    for(i=1;i<=n;i++){
        printf("%d",q[i]);
    }
    return 0;
}
```

二、综合练习

练习1　100370. 压缩技术

【题目描述】

设某汉字由 $N \times N$ 的 0 和 1 的点阵图案组成，如图 5.2 所示。我们依照以下规则生成压缩码。连续一组数值：从汉字点阵图案的第一行第一个符号开始计算，按书写顺序从左到右，由上至下进行。第一个数表示连续有几个 0，第二个数表示接下来连续有几个 1，第三个数再接下来表示连续有几个 0，第四个数接着表示连续几个 1，依此类推……

汉字点阵图 1 如下所示：

0001000

0001000

0001111

0001000

0001000

0001000

1111111

图 5.2　汉字点阵图 1

对应的压缩码是：7 3 1 6 1 6 4 3 1 6 1 6 1 3 7（第一个数是 N，其余各位交替表示 0 和 1 的个数，压缩码保证 $N \times N$ = 交替的各位数之和）。

【输入格式】

输入一行，为压缩码。

【输出格式】

汉字点阵图（点阵符号之间不留空格）（$3 \leqslant N \leqslant 200$）。

【输入输出样例】

输入样例	输出样例
7 3 1 6 1 6 4 3 1 6 1 6 1 3 7	0001000 0001000 0001111 0001000 0001000 0001000 1111111

练习 2　100371. 压缩技术（续集版）

【题目描述】

设某汉字由 $N \times N$ 的 0 和 1 的点阵图案组成，如图 5.3 所示。我们依照以下规则生成压缩码。连续一组数值：从汉字点阵图案的第一行第一个符号开始计算，按书写顺序由左到右，从上到下进行。第一个数表示连续有几个0，第二个数表示接下来连续有几个1，第三个数再接下来表示连续有几个0，第四个数接着表示连续几个1，依此类推。

汉字点阵图2如下所示：

0001000

0001000

0001111

0001000

0001000

0001000

1111111

图 5.3　汉字点阵图 2

对应的压缩码是：7 3 1 6 1 6 4 3 1 6 1 6 1 3 7（第一个数是 N，其余各位表示交替表示 0 和 1 的个数，压缩码保证 $N \times N =$ 交替的各位数之和）

【输入格式】

汉字点阵图（点阵符号之间不留空格）（$3 \leq N \leq 200$）。

【输出格式】

输出一行，为压缩码。

【输入输出样例】

输入样例	输出样例
0001000 0001000 0001111 0001000 0001000 0001000 1111111	7 3 1 6 1 6 4 3 1 6 1 6 1 3 7

练习3　105372.显示屏

【题目描述】

液晶屏上，每个阿拉伯数字都可以显示成 3×5 的点阵（其中 X 表示亮点，.表示暗点）。现在给出数字位数（不超过 100）和一串数字，要求输出这些数字在显示屏上的效果。数字的显示方式同样例输出一致，注意每个数字之间都有一列间隔。

【输入输出样例】

输入样例	输出样例
10 0123456789	XXX...X.XXX.XXX.X.X.XXX.XXX.XXX.XXX.XXX X.X...X...X...X.X.X.X...X.....X.X.X.X.X X.X...X.XXX.XXX.XXX.XXX.XXX...X.XXX.XXX X.X...X.X.....X...X...X.X.X...X.X.X...X XXX...X.XXX.XXX...X.XXX.XXX...X.XXX.XXX

练习4　104416.数字反转

【题目描述】

给定一个整数，请将该数各位上数字反转得到一个新数。新数也应满足整数的常见形式，即除非给定的原数为 0，否则反转后得到的新数的最高位数字不应为 0。

【输入格式】

输入为一行，即一个整数 N。

【输出格式】

输出为一行，即一个整数，表示反转后的新数。

【输入输出样例】

输入样例	输出样例
123	321
−380	−83

练习5　100597. 数字反转（升级版）

【题目描述】

给定一个数，请将该数各位上数字反转得到一个新数。这次与练习 4 不同的是：这个数可以是小数、分数、百分数或整数。

整数反转是将所有数位对调。

小数反转是把整数部分的数反转，再将小数部分的数反转，不交换整数部分与小数部分。

分数反转是把分母的数反转，再把分子的数反转，不交换分子与分母。

百分数的分子一定是整数，百分数只改变数字部分。

【输入格式】

一个数 s。

【输出格式】

一个数，即 s 的反转数。

【输入输出样例】

输入样例	输出样例
5087462	2647805
600.084	6.48
700/27	7/72
8670%	768%

【说明】

数据规模与约定：

所有数据：25% 的 s 是整数，不大于 20 位；

25% 的 s 是小数，整数部分和小数部分均不大于 10 位；

25% 的 s 是分数，分子和分母均不大于 10 位；

25% 的 s 是百分数，分子不大于 19 位。

数据保证：

对于整数反转而言，整数原数和整数新数满足整数的常见形式。

对于小数反转而言，其小数点前面部分同上，小数点后面部分的形式要保证满足小数的常见形式，也就是末尾没有多余的 0（小数部分除了 0 没有别的数，那么只保留 1 个 0。若反转之后末尾数字出现 0，省略多余的 0）。

对于分数反转而言，分数不约分，分子和分母都不是小数。输入的分母不为 0。与整数反转相关规定见上。

对于百分数反转而言，其规则见整数反转相关规定。

数据不存在负数。

第六章　函　　数

第一节　函数的定义和调用参数

一、自定义函数

例 6.1　计算两点间曼哈顿距离

【题目描述】

在一个平面上给出两个点的坐标，求两点之间的曼哈顿距离（提示：假设平面上有两个点 $A(x_1, y_1)$，$B(x_2, y_2)$，那么曼哈顿距离为：$|x_1-x_2|+|y_1-y_2|$）。请你利用所学的数学知识想想这道题的解法。

【输入输出样例】

输入样例	输出样例
1.1 1.4 2.4 0.8	1.9

【分析】

解答这道题的关键是求两个绝对值 $|x_1-x_2|$ 和 $|y_1-y_2|$ 的值，如果 x_1 大于或等于 x_2，$|x_1-x_2|$ 的值是 x_1-x_2 的差；反之如果 x_1 小于或等于 x_2，那么 $|x_1-x_2|$ 的值是 x_2-x_1 的差。同理，如果 y_1 大于或等于 y_2，$|y_1-y_2|$ 的值是 y_1-y_2 的差；反之如果 y_1 小于等于 y_2，那么 $|y_1-y_2|$ 的值是 y_2-y_1 的差。最后将两个绝对值求和即可。

通过分析，我们可以用下面程序实现。

【参考程序 1】

```
#include <iostream>
using namespace std;
```

```
int main()
{
    double x1, y1, x2, y2, d1, d2;
    //定义 A、B 两个点的坐标，d1 为横坐标的绝对值，d2 为纵坐标
的绝对值
    cin >> x1 >> y1 >> x2 >> y2; //输入 A、B 两点坐标
    if (x1 >= x2)
        d1 = x1 - x2; //计算 |x1-x2|
    else
        d1 = x2 - x1;
    if (y1 >= y2)
        d2 = y1 - y2; //计算 |y1-y2|
    else
        d2 = y2 - y1;
    cout << d1 + d2 << endl; //横纵坐标绝对值之和
    return 0;
}
```

【运行结果】

```
1.4 2.4 0.8
1.9
```

上面的程序中计算 | x1–x2 | 和计算 | y1–y2 | 的代码类似，出现很多重复。我们可将程序进行简化，用一个自定义函数来计算绝对值，减少代码量，如下所示：

【参考程序 2】

```
#include <iostream>
using namespace std;
double abs(double x) //自定义一个求约对值的函数
```

```
{
    if (x > 0)
        return x;
    else
        return -x;
}
int main()
{
    double x1, y1, x2, y2, d1, d2;
    // 定义 A、B 两个点的坐标，d1 为横坐标的绝对值，d2 为纵坐标
的绝对值
    cin >> x1 >> y1 >> x2 >> y2;          // 输入 A、B 两点坐标
    cout << abs(x1 - x2) + abs(y1 - y2) << endl; // 横纵坐
标绝对值之和
    return 0;
}
```

【运行结果】

```
1.4 2.4 0.8
1.9
```

【分析】

虽然上面两个程序编译和执行结果是一样的，但经比较后，不难发现自定义函数的程序有以下几个优点：

（1）程序可读性强，结构清晰，逻辑关系明确。

（2）解决相似问题时，不用重复编写代码，可直接调用函数进行解决，且减少了代码量。

（3）利用函数实现了模块编程，具有面向对象编程的思想，各个模块相对独立，分解问题，降低问题解决难度的优点。

二、函数的概念

1. 函数定义的语法形式

函数定义的语法形式如下：

```
数据类型  函数名（形式参数表）
{
    函数体 // 执行语句
}
```

（1）函数的数据类型是函数的返回值类型（若数据类型为 void，则无返回值）。

（2）函数名是标识符，一个程序中除了主函数名必须为 main 外，其余函数的名字按照标识符的取名规则可以任意选取，最好选取便于记忆的名字。

（3）形式参数（简称形参）表可以是空的（即无参函数），也可以有多个形参，形参间用逗号隔开，不管是否有参数，函数名后的圆括号必须有。形参必须有类型说明，形参可以是变量名、数组名或指针名，它的作用是实现主调函数与被调函数之间的关系。

（4）函数中最外层一对花括号"{ }"括起来的若干个说明语句和执行语句组成了一个函数的函数体。函数体内的语句决定该函数功能。函数体实际上是一个复合语句，它可以没有任何类型说明而只有语句，也可以两者都没有，即为空函数。

例如：

```
int main ( int argc, char **argv )
{
    … // 执行语句
}
```

其中 int 是该函数返回值的类型，main 是函数的名称，名称可以根据实际需求进行不同的命名，圆括号里面是函数的参数列表，花括号里面是函数体。这里要特殊说明一点，main 函数的功能就是整个程序的功能。main 也称作主函数，我们写代码时都必须要有一个 main 函数。

三、函数的声明和调用

1. 函数的声明

调用函数之前先要声明函数原型。在主调函数中或所有函数定义之前，按如下形式声明：

类型说明符 被调函数名（含类型说明的形参表）

如果是在所有函数定义之前声明了函数原型，那么这个函数原型在该程序文件中任何地方都有效，也就是说在该程序文件中任何地方都可以依照已声明的函数原型调用相应的函数。如果是在某个主调函数内部声明了被调用函数原型，那么该原型就只能在这个函数内部有效。例如：

```cpp
#include <iostream>
using namespace std;
int triple(int b)
{
    return b*3;
}
int main( )
{
    cout<<triple(5)<<endl;
    cout<<triple(6)<<endl;
    return 0;
}
```

【运行结果】

```
15
18
```

这段代码其实没有进行函数声明，只有函数定义，不过也是正确的。因为在这种情况下可以省略声明。那么什么情况下可以省略声明呢？函数被调用的地方在 main 函数里，定义的地方在 main 函数前，这种情况下就不需要声明。

如果在函数调用的地方之后，也就是在主函数的后面才定义函数，那就必须在主函数前先进行声明。如果不在调用之前声明，编译器就会报错，因为编译器按顺序读程序，到函数调用的时候，如果还没见到函数声明或者定义，这样编译器不知道我们所调用的函数是什么。在函数声明时，可以省略参数名，如可写成 int triple（int）省略了 b。所以一般在算法竞赛这样的小规模编程时，我们会直接把所有函数都定义在被调用之前。

2. 函数的参数与返回值

在组成函数体的各类语句中，需要注意的是返回语句 return。它的一般形式是：

```
return( 表达式 );
```

如下面这个函数：

```
void level(int grade){// void 表示无返回值
    if(grade>=60){
        cout<<"Passed";
        return;// 不需要返回值
    }
    cout<<"Failed";// 不需要 return 语句
}
```

其功能是把程序流程从被调函数转向主调函数并把表达式的值带回主调函数，实现函数的返回。所以，圆括号中表达式的值实际上就是该函数的返回值，其返回值的类型即为它所在函数的函数类型。当一个函数没有返回值时，函数中可以没有 return 语句，直接利用函数体的右花括号"}"作为没有返回值的函数的返回；也可以仅有 return 语句，但 return 后没有表达式。返回语句的另一种形式是：

```
return;
```

这时函数没有返回值，而只把流程转向主调函数。

3. 函数的传值

函数传值调用的特点是将调用函数的实参表中的实参值依次对应地传递给被调用函数的形参表中的形参，要求函数的实参与形参个数相等，并且类型相同。函数的调用过程实际上是对栈空间的操作过程，因为调用函数是使用栈空间来保存信息的。函数在返回时，如果有返回值，则将它先保存在临时变量中。然后恢复主调函数的运行状态，释放被调用函数的栈空间，按其返回地址返回到调用函数。在 C++ 语言中，函数调用方式分传值调用和传址调用。

（1）传值调用。

这种调用方式是将实参的数据值传递给形参，即将实参值拷贝一个副本存放在被调用函数的栈空间中。在被调用函数中，形参值可以改变，但不影响主调函数的实参值。参数传递方向仅是从实参到形参，简称单向值传递。例如：

```cpp
#include <iostream>
using namespace std;
void test(int a)
{
    a=1;
    cout<<a;
}

int main( ) {
    int x=0;
    test(x);
    cout<<x;
    return 0;
}
```

【运行结果】

```
1
0
```

x=0，进入 test 函数，a 初始为被传递进来的 x 的值也就是 0，然后被赋值为 1，但是 main 函数里 x 的值没有变化。所以代码运行的结果是先输出赋值后 a 的值 1，然后输出 test（x）之后的 x，没有变化的 0。

（2）传址调用。

这种调用方式是将实参变量的地址值传递给形参，这时形参实际是指针，即让形参的指针指向实参地址，这里不再是将实参拷贝一个副本给形参，而是让形参直接指向实参，这就提供了一种可以改变实参变量值的方法。例如：

```cpp
#include <iostream>
using namespace std;
void test(int a)
{
    a=1;
    cout<<a;
}
int main( ) {
    int x=0;
    test(x);
    cout<<x;
    return 0;
}
```

【运行结果】

```
1
1
```

右边参数变量名前多一个地址符，表示的是引用类型。test 的参数 a 是引用，也就是说 a 是调用时传进来的变量 x，在这里改变 a 的话，外面调用时的 x 也会跟着被改变。所以 a=1 也就是让 main 函数里的 x=1，输出 a 也就是输出 x，运行结果是"1 1"。

4. 函数的调用

调用函数时需要具备与定义和声明时个数及类型一致的实际参数。

```
void test(int a, double b);        void test( );
int main( ) {                       int main( ){
    test(5, 3.0);                       test( )
}                                   }
```

左边定义的函数参数是 int 型和 double 型，那么在调用的时候，实际参数就应该第一个是 int 型和第二个是 double 型，test（5，3.0）就是正确的；右边定义的函数没有参数，在调用的时候也应该和定义的一致，不能传递参数。

5. 函数的嵌套

既然主函数可以调用我们定义的函数，那我们所定义的函数能不能调用其他函数呢？答案是可以的，这样的调用我们称为函数的嵌套，就是在函数中调用其他函数。例如：

```
#include <iostream>
using namespace std;
void g( )
{
    cout<<"g( )";
}
void f( )
{
    cout<<"f( )";
    g( );
    cout<<"g( )";
}
int main( )
{
```

```
    f( );
    g( );
    return 0;
}
```

【运行结果】

f( )g( )g( )g( )

【分析】

代码里定义了两个函数 void g( ) 与 void f( )，在定义的 f( ) 函数中调用了 g( ) 函数，这个调用称之为函数的嵌套。在函数中调用其他函数也要遵循之前讲的原则，如果被调用的函数在函数之前定义，则可以省略在函数中的声明；但是如果被调用的函数在函数之后定义，则必须要在调用之前进行函数声明。

运行时先进入 f( ) 函数，输出 f( )；从 f( ) 函数进入 g( ) 函数，输出 g( )；再回到 f( ) 函数中输出 g( )；最后回到 main 函数，调用 g( ) 函数输出 g( )。

四、练习

练习1　108910. 第 n 小的质数

【题目描述】

输入一个正整数 n，质数从第1个数字2开始，由小到大，求第 n 小的质数。

【输入格式】

输入为一行，即一个不超过 10 000 的正整数 n。

【输出格式】

输出为一行，即第 n 小的质数。

【输入输出样例】

输入样例	输出样例
10	29

练习 2 105377. 距离函数

【题目描述】

给出平面坐标上不在一条直线上三个点的坐标(x_1, y_1)，(x_2, y_2)，(x_3, y_3)，坐标值是实数，且绝对值不超过 100.00，求围成的三角形周长（保留两位小数）。

对于平面上的两个点，则这两个点之间的距离 $\mathrm{dis} = \sqrt{(x_2 - x_1)^2 + (y_2 - y_1)^2}$。

【输入输出样例】

输入样例	输出样例
0 0 0 3 4 0	12.00

练习 3 105378. 质数筛

【题目描述】

输入 n（$n \leq 100$）个不大于 100 000 的整数，去掉不是质数的数字，依次输出剩余的质数。

【输入输出样例】

输入样例	输出样例
5 3 4 5 6 7	3 5 7

第二节　函数的变量作用域

一、局部变量

在函数或一个代码块内部声明的变量，称为局部变量，它们只能被函数内部或者代码块内部的语句使用。局部变量在创建的范围外是无法访问的，如图 6.1 所示，局部变量 a，在函数外是无法访问的。

```
#include <iostream>
using namespace std;

void function()    局部变量a
{
    int a = 5;                     变量a的
}                                  作用域

int main()
{
    cout << a << endl;             错误，未定义，
    return 0;                      无法访问
}
```

图 6.1　局部变量作用域

顾名思义，局部变量就是在一定的小范围内可以起作用的变量。我们定义局部变量时将其定义在函数体里面，这样在这个函数执行的时候才可以读取所定义的变量。如下面的例子，我们定义了 a=10，b=20，所以输出 c 就等于 30。

```
#include <iostream>
using namespace std;
int main( )
{
    // 局部变量声明
    int a, b;
    int c;
    // 实际初始化
    a = 10;
    b = 20;
    c = a + b;
    cout << c;
    return 0;
}
```

【运行结果】

30

　　局部变量定义在函数内部，它的作用域仅限于函数内部，在函数的外部则没有作用，在该函数运行结束后该定义会立即释放，所以在函数外部我们是无法使用局部变量的。

　　（1）由于局部变量的作用域仅局限于函数内部，所以，在不同的函数中变量名可以相同，它们分别代表不同的对象，在内存中占据不同的内存单元，互不干扰。

　　（2）一个局部变量和一个全局变量可以重名，在相同的作用域内，局部变量有效时则全局变量无效，即局部变量可以屏蔽全局变量。

　　（3）需要强调的是，主函数 main 中定义的变量也是局部变量。

　　（4）全局变量数组初始全部为 0，而局部变量值是随机的，要初始化初值，局部变量受栈空间大小限制，大数组需要注意。通俗说，局部变量的数组大小不能太大，而全局变量无此限制。

二、全局变量

　　定义在函数外部没有被花括号括起来的变量称为全局变量，全局变量的作用域是从变量定义的位置开始到文件结束。由于全局变量是在函数外部定义的，因此其对所有函数而言都是外部的，可以在文件中位于全局变量定义后面的任何函数中使用。如图 6.2 所示，全局变量 a 在函数外部声明，其可以在程序任意地方被访问和修改。

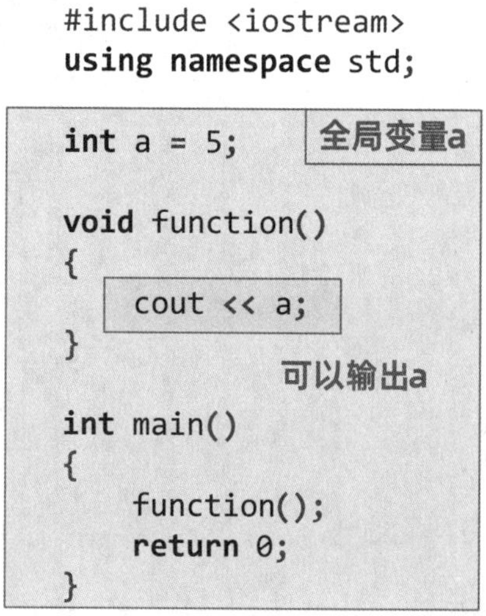

```
#include <iostream>
using namespace std;

int a = 5;          全局变量a

void function()
{
    cout << a;
}
                    可以输出a
int main()
{
    function();
    return 0;
}
```

图 6.2　全局变量作用域

下面介绍一个例子。

```cpp
#include <iostream>
using namespace std;
int g;        // 全局变量声明
int main( )
{
    int a, b;     // 局部变量声明
    // 实际初始化
    a = 10;
    b = 20;
    g = a + b;
    cout << g;
    return 0;
}
```

【运行结果】

```
30
```

【分析】

我们在函数外部定义的全局变量 int g，又在函数内定义了两个变量 a 和 b 并分别赋值为 10 和 20。需要注意的是，我们输出的 g=a+b，g 没有在函数内定义，但是在函数外部定义了 g 为全局变量，所以程序中可以访问到它。这个例子说明，全局变量的值在程序的整个生命周期内都是有效的，全局变量可以被任何函数访问，即在整个程序中都是可用的。

【说明】

（1）在一个函数内部，既可以使用本函数定义的局部变量，也可以使用在此函数前定义的全局变量。

（2）全局变量的作用是使函数间多了一种传递信息的方式。如果在一个程序中多个函数都要对同一个变量进行处理，即共享，就可以将这个变量定义成

全局变量，使用起来非常方便，但也不可低估其副作用。

（3）过多地使用全局变量，会增加调试难度。因为多个函数都能改变全局变量的值，则不易判断某个时刻全局变量的值。

（4）过多地使用全局变量，会降低程序的通用性。如果将一个函数移植到另一个程序中，需要将全局变量一起移植过去，可能会出现重名问题。

1. 局部变量和全局变量的初始化

当定义局部变量时，我们必须要对其赋初值，否则可能会导致程序出错。定义全局变量时，如果没有对变量赋初值，表示数字的变量类型默认值都均为0，那么系统就会对变量自动赋上初值，int 型就会默认赋值 0；float 型和 double 型会默认 0；char 型会默认 '\0'，对应的也是 ASCII 码 0，见表 6.1。

表 6.1 数据类型初始化默认值

数据类型	初始化默认值
int	0
char	'\0'
float	0
double	0

2. 重名变量

上机运行以下代码，会发现什么问题？

```cpp
#include <iostream>
using namespace std;
// 全局变量声明
int g = 20;
int main( )
{
    // 局部变量声明
    int g = 10;
    cout << g;
```

```
        return 0;
}
```

【运行结果】

```
10
```

我们定义了全局变量 g=20，然后在程序中又定义了一个局部变量 g=10，两个变量的名称是一样的，在程序中，局部变量和全局变量的名称可以相同。但是来看看运行结果，输出的是 10，为什么 g 是 10 呢？在函数内，局部变量的值会覆盖全局变量的值。换言之，当变量间出现重名的情况下，作用域小的会屏蔽作用域大的，此时全局变量就被局部变量屏蔽了。

3. 重名变量作用域运算符

在变量重名时，我们也有办法让全局变量不被局部变量屏蔽，这时候就要用到一个运算符"::"，这个运算符称为作用域运算符，如果在变量名前面加上"::"，就说明我们引用的是全局变量而不是局部变量。

```cpp
#include <iostream>
using namespace std;
int a = 10;
int main( )
{
        int a = 20;
        cout << ::a << endl;
        cout << a << endl;
        return 0;
}
```

【运行结果】

```
10
20
```

【分析】

全局变量定义了 a=10，局部变量定义了 a=20，我们分别输出 "::a" "a"，看到输出结果分别是 10，20。这就说明使用 "::" 作用域运算符时，全局变量被引用了，此时它就没有被局部变量屏蔽。

4. extern 声明

```
#include <iostream>
using namespace std;
int main( )
{
    cout<<"a:"<< a << endl;
    return 0;
}
int a=10;
```

这个程序，有没有什么问题，问题又出在哪里呢？当同学们试着运行程序时发现程序会报错，提示找不到变量 a。我们知道，程序编译过程是一行行从头开始编译的，当编译到 "cout<< "a:"<< a" 时它找不到 a 的定义，所以编译就会报错。我们想解决这个问题，当然首先想到要把全局变量移到 main 函数头部之前。

不过，其实还有另一种办法，可以用一个关键字 extern。extern 这个关键字意思是声明变量在文件的其他位置有定义，则编译器会先找到这个定义，再利用定义的内容。

此时我们再去运行程序会发现编译没有报错，可以运行出正确的结果。

```
#include <iostream>
using namespace std;
int main( )
{
    extern int a;
```

```
        cout<<"a:"<< a << endl;
        return 0;
    }
    int a=10;
```

【运行结果】

```
    a:10
```

5. 静态变量

静态变量与全局变量相同，它的生存期贯穿于整个源程序的运行期间，见表 6.2。但其作用域有所不同，若定义局部静态变量，局部静态变量的作用域与自动变量相同，只能在定义该变量的函数内部使用它。退出函数后，尽管该变量还继续存在，但不能使用它。

表 6.2　静态变量与全局变量比较

	静态变量	全局变量
生存期	整个源程序	整个源程序
作用域	函数内部	整个源程序

如下面这个程序：

```
#include <iostream>
using namespace std;
int count=1;
int fun( ){
    static int count=10;// 使用 static 关键字声明静态变量
    return count--;
}
int main( ){
    cout<<"global "<<"local static"<<endl;
    for(;count<=10;count++){
        cout<<count<<"  "<<fun( )<<endl;
```

```
    }
    return 0;
}
```

【运行结果】

```
global local static
1           10
2           9
3           8
4           7
5           6
6           5
7           4
8           3
9           2
10          1
```

【分析】

我们观察打印结果，可以很容易看懂第一列，它是利用循环打印出了 1 到 10，再看第二列，fun（）函数应该每一次都输出 10，为什么每一次输出结果会递减呢？

这就是静态局部变量的特点，它不仅不能在定义的函数之外起作用，而且不会被立即释放，它每次执行后会将结果存储在静态存储区，也就是下一次用到的是上一次执行后的结果，这样就可以打印出 10 到 1。

我们也常说静态局部变量具有记忆功能，每次执行的结果会被保留。

三、练习

练习1　105385.猴子吃桃

【题目描述】

一只小猴买了若干个桃子。第一天它吃了这些桃子的一半后，又贪嘴多吃了一个；接下来的每一天它都会吃剩余的桃子的一半外加一个。第 n（$n \leqslant 20$）天早上起来一看，只剩下 1 个桃子了。请问小猴买了几个桃子？

【输入输出样例】

输入样例	输出样例
4	22

练习2　105380. 歌唱比赛

【题目描述】

n（$n \leqslant 100$）名同学参加歌唱比赛，并接受 m（$m \leqslant 20$）名评委的评分，评分范围是 0 到 10 分。同学们的个人得分就是这些评委给分中去掉一个最高分，再去掉一个最低分，剩下 $m-2$ 个评分的平均数。请问得分最高的同学分数是多少？评分保留 2 位小数。

【输入输出样例】

输入样例	输出样例
7 6	6.00
4 7 2 6 10 7	
0 5 0 10 3 10	
2 6 8 4 3 6	
6 3 6 7 5 8	
5 9 3 3 8 1	
5 9 9 3 2 0	
5 8 0 4 1 10	

第三节　递归函数

一、生活中的递归故事

1. 德罗斯特效应（Droste effect）

两面镜子相对放置，然后在两面镜子中间摆放一个小玩偶，如图 6.3（a）

所示。此时你从某个上方位置斜视，猜一猜会看到什么呢？

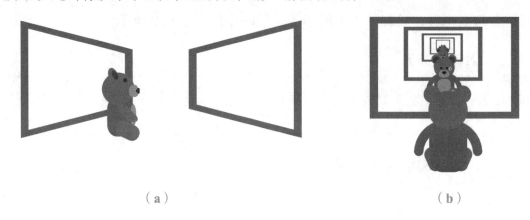

（a）　　　　　　　　　　　　　　（b）

图 6.3　德罗斯特效应

如图 6.3（b）图所示，我们可以看到两面镜子里都有一个多面镜，貌似相连的走廊，"你中有我，我中有你"，无数个小玩偶连成了一串。德罗斯特效应是递归的一种视觉形式，是指一张图片的某个部分与整张图片相同，由此产生无限循环。

2. 老和尚讲故事

小和尚睡觉前总要找老和尚给他讲故事，直到有一天老和尚实在无故事可讲了，但是小和尚还缠着老和尚要故事听，否则他睡不着觉。老和尚灵机一动，开始讲故事："从前有座山，山里有座庙，庙里有个老和尚在讲故事，从前有座山，山里有座庙，庙里有个老和尚在讲故事，从前有座山，山里有座庙，庙里有个老和尚在讲故事……"，如图 6.4 所示。

图 6.4　老和尚讲故事

生活中的递归与程序中的递归函数有相似之处，也有不同之处。相似之处在于都存在循环，都调用了自己；不同之处在于生活中有些递归现象是无限递归，而递归函数是有终止条件的。那么在程序中，什么是递归函数呢？

二、递归概念

当函数的定义中，其内部操作又直接或间接地出现对自身的调用，称为递归定义。

递归通常把一个大型复杂的问题层层转化为一个与原问题相似的规模较小的问题来求解。递归策略是只需用少量的程序描述出解题过程所需要的多次重复计算，大大地减少了程序的代码量；递归的能力在于用有限的语句来定义对象的无限集合，用递归思想写出的程序往往十分简洁易懂。

例如，在数学上，所有偶数的集合可递归地定义为：

（1）0 是一个偶数。

（2）一个偶数与 2 的和仍是一个偶数。

可见，仅需两句话就能定义一个由无穷多个元素组成的集合。在程序中，递归是通过函数的调用来实现的。函数直接调用其自身，称为直接递归；函数间接调用其自身，称为间接递归。

递归函数归纳起来有两大要素：

（1）递归关系式：对问题进行递归形式的描述。

（2）递归终止条件：当满足该条件时，终止递归关系式。

三、递归应用

例 6.2　实现阶乘函数

【题目描述】

如阶乘函数 $f(x)=x!$ 可以定义为递归函数：

$$x! = \begin{cases} f(x) = x \times f(x-1) & (x > 0) \\ f(0) = 1 & (x = 0) \end{cases}$$

【分析】

根据数学中的定义把求 x! 定义为求 x*（x-1）!，其中求（x-1）! 仍采用求 x! 的方法，需要定义一个求 x！的函数，并逐级调用此函数，即：

当x=0时，x!=1；当x>0时，x!=x*（x-1）！。因此，f（0）为递归终止条件，f（x）=x*f（x-1）为递归关系式。

假设用函数fac（x）表示x的阶乘，当x=3时，fac（3）的求解方法可表示为：

fac（3）=3*fac（2）=3*2*fac（1）=3*2*1*fac（0）=3*2*1*1=6。

可以分为两个步骤：

①定义函数：int fac（int n），如果n=0，则fac=1；如果n>0，则继续调用函数fac=n*fac（n-1）；

②返回主程序，打印fac（x）的结果。

执行流程如图6.5所示。

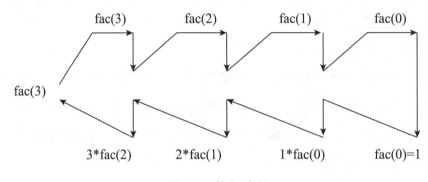

图6.5 执行流程

【输入输出样例】

输入样例	输出样例
5	120

【参考程序1】

```cpp
#include <iostream> // 采用有参函数编写程序：
using namespace std;
int fac(int n)                        // 函数 fac(n) 求 n！
{
    return n==0 ? 1 : n*fac(n-1); // 调用函数 fac(n-1) 递归
求 (n-1) ！
}
```

```
int main( )
{
    int x;
    cin>>x;
    cout<<x<<"!="<< fac(x) << endl; // 主程序调用 fac(x) 求 x！
    return 0;
}
```

【运行结果】

```
5
120
```

【说明】

这里出现了三元运算符"？ ："。例如，a？b：c 的含义是：如果 a 为真，则表达式的值是 b，否则是 c。所以"n= =0？1：n*fac（n-1）"很好地表达了递归定义。

【参考程序 2】

```
#include <iostream>
using namespace std;
int t;
int fac(int);
int main( )
{
    int x;
    cin>>x;
    fac(x);
    cout<< t <<endl;
    return 0;
}
```

```
int fac(int x)
{
    if (x==1) t=1;
    else { fac(x-1); t*=x; }
}
```

【运行结果】

```
5
120
```

例 6.3　实现幂函数

【题目描述】

用递归算法求 x^n 。

$$x^n = \begin{cases} f(x) = x \times f(n-1) & (n > 0) \\ f(0) = 1 & (n = 0) \end{cases}$$

【输入输出样例】

输入样例	输出样例
2 10	1024

【分析】

把 x^n 分解成：

$x^0 = 1$ （ n = 0 ），

$x^1 = x * x^0$ （ n = 1 ），

$x^2 = x * x^1$ （ n > 1 ），

$x^3 = x * x^2$ （ n > 1 ），

⋮

因此将 x^n 转化为：$x*x^{n-1}$，其中求 x^{n-1} 用求 x^n 的方法进行求解。因此，$f(0) = 1$ 为递归终止条件，$f(x) = x*f(n-1)$ 为递归关系式。

【说明】

①定义子程序 Xn（int n）求 Xn，如果 n ≥ 1 则递归调用 $Xn^{(n-1)}$ 求 X^{n-1}。

②当递归调用到达 n=0 时终止调用，然后执行本"层"的后继语句。

③遇到子程序运行完，就结束本次的调用，返回到上一"层"调用语句的地方，并执行其后继语句。

④继续执行步骤③，从调用中逐"层"返回，最后返回到主程序。

【参考程序 1】

```cpp
#include <iostream>   // 采用函数编写程序如下
using namespace std;
int Xn(int);
int X;
int main( ){
    int n;
    cin>>X>>n;
    cout<<X<<'^'<<n<<"="<<Xn(n)<<endl;
    return 0;
}
int Xn(int n){
    if (n==0) return 1;          // 递归边界
    else      return X*Xn(n-1);  // 递归式
}
```

【运行结果】

```
2 10
1024
```

【参考程序 2】

```cpp
#include <iostream>  // 采用全局变量编写程序
```

```cpp
using namespace std;
int tt,X;        // 利用全局变量 tt 传递结果
int Xn(int);
int main( ){
    int n;
    cin>>X>>n;
    Xn(n);
    cout<<X<<'^'<<n<<'='<<tt<<endl;
    return 0;
}
int Xn(int n){
    if (n==0) tt=1;
    else {
        Xn(n-1);        // 递归调用过程 Xn(n-1) 求 Xⁿ⁻¹
        tt*=X;
    }
}
```

【运行结果】

```
2 10
1024
```

四、练习

练习1　104326.数的计算

【题目描述】

我们要求找出具有下列性质数的个数（包含输入的正整数 n）。先输入一个正整数 n（$n \leqslant 1\,000$），然后对此正整数按照如下方法进行处理：

①不做任何处理；

②在它的左边加上一个正整数，但该正整数不能超过原数的一半；

③加上数后,继续按此规则进行处理,直到不能再加正整数为止。

【输入格式】

1 个正整数 n($n \leqslant 1\,000$)。

【输出格式】

1 个整数,表示具有该性质数的个数。

【输入输出样例】

输入样例 1	输出样例 1
6	6
输入样例 2	输出样例 2
8	10

第四节　函数综合运用 1

练习 1　105378. 质数筛

【题目描述】

输入 n($n<100$)个不大于 100 000 的整数。要求全部储存在数组中,去除不是质数的数字,依次输出剩余的质数。

【输入输出样例】

输入样例	输出样例
5 3 4 5 6 7	3 5 7

【分析】

首先我们来看看这道题:输入一个数组,去掉数组里面不是质数的数,然后再依次输出余下的质数。输入第一行"5"表示数组大小是 5,第二行数组内容"3 4 5 6 7"，这里面质数只有"3 5 7"，所以我们留下"3 5 7"并输出。

【参考程序】

```cpp
#include <iostream>
using namespace std;
int f(int x){
    for(int i=2;i<x;i++)
      if(x%i==0)       // 质数判断的函数
        return 0;      // 若x有1和x之外的因子，函数返回值为0
    return 1;          // 若不返回0，则无1和x之外的因子，x为
质数，返回1
}
int main( )
{
    int n,a[101]; // 输入n和数组a
    cin>>n;
    for(int i=0;i<n;i++) cin>>a[i];
    for(int i=0;i<n;i++)
        if(a[i]>=2&&f(a[i]))     // 输出大于2且函数返回值为1
的数（即质数）
            cout<<a[i]<<" ";
    return 0;
}
```

【说明】

写一个判断质数的函数 f（），此函数是这样实现的：我们依次拿 2~（x–1）来除 x，如果有能够整除的，就说明这个数不是质数，那么返回 0；反之，要是都不能整除，则返回 1。因为 x 不是质数，说明 x 有 1 和 x 之外的因子。如直至循环结束都没有进入 if 语句返回，就会到达函数最底部的 return 1，

这时说明没有 1 和 x 以外的因子，x 为质数。

我们定义好判断质数的函数之后再来看主程序：首先定义一个 n，这个 n 是我们要输入的数组元素的个数，随后定义一个数组 a，用来存放第二行输入的数。

下面的步骤我们非常熟悉，就是通过 for 循环依次填入数组值。

接下来，再通过一个 for 循环加条件判断，也就是按顺序枚举数组元素，当 a[i] 为质数且 ≥ 2 时就输出 a[i]。这样就可以依次输出数组中的质数了。回到刚刚的思考题，当 a[i] 小于 2，在 f（）函数不会进入循环而会直接到达函数底部被当作质数，这就是错误判断，所以我们在输入时加上一个 a[i] ≥ 2 的辅助判断来过滤掉 f（）函数不想接收的输入。还有另一种解决办法，把"if a[i]<2 return 0"语句写在 f（）函数头部。针对此题第二种解决办法更佳，不过很多时候，第一种方法的辅助判断也是不可或缺的。&& 是逻辑与运算符，表示两边的表达式同时成立，即 a[i] ≥ 2 且 f（a[i]）返回值为 1，&& 运算符优先级低于 ≥ 运算符，这样通过这个 for 循环就筛选出了数组 a 中的所有质数。

质数判断的算法非常常见，也有很多的优化，同学们可以自行查阅相关资料，看看同等条件下认证谁的运算时间更快？

例 6.4　100356. 哥德巴赫猜想

【题目描述】

输入一个偶数 n（$n \leqslant 10\,000$），验证 4 ~ n 中所有偶数是否符合哥德巴赫猜想：任一大于 2 的偶数都可写成两个质数之和。如果一个数不止一种分法，则输出与其他方案相比第一个加数是最小的方案。

【输入格式】

第一行 n。

【输出格式】

4=2+2,

6=3+3,

$\vdots$

$n=x+y$。

【输入输出样例】

输入样例	输出样例
10	4=2+2
	6=3+3
	8=3+5
	10=3+7

【分析】

这道题要求：如果一个数不止一种分法，那么输出第一个加数最小的方案。

例如，10=3+7=5+5，则应该输出 3+7，而不能输出 5+5。输入只有一个数 n，输出则有很多行，依次是从 4~n 的偶数及这个偶数的拆分方案，样例包括 4=2+2，6=3+3，8=3+5，10=3+7。

【参考程序】

```cpp
#include <iostream>
using namespace std;
int f(int x)
{
    for(int i=2;i*i<x;i++)
    {
        if(x%i==0)
        {
            return 0;// 一旦有 1 和 x 外的因子，则返回 0
        }
    }
    return 1;
}
```

```
int g(int a)
{
    for(int i=2;i<=a-2;i++)
    {
        if(f(i)&&f(a-i)) //如果i和a-i都是质数，则输出结果，
函数值返回0
        {
            cout<<a<<"=";
            cout<<i<<"+";
            cout<<a-i<<endl;
            return 0;
        }
    }
}
int main( )
{
    int n;
    cin>>n;
    for(int i=4;i<=n;i+=2) g(i); //从4开始，4是最小的由两
个2组成
    return 0;
}
```

【说明】

首先要用到判断质数的函数，使输入的数依次除以2到它本身，看有没有除了1和它本身之外的因子，如果有返回0；否则就返回1。

然后还需要一个函数g（）来进行划分方案，从2开始枚举i，判断i和a-i是否都是质数，并且按照题目要求把a拆分成两个质数的和。需要调用判断质数的函数时，又用到了函数的嵌套。如果f（i）和f（a-i）的返回值都是

1, 说明 i 和 a-i 都是质数, 那么 a 这个数就满足题目的要求, 随之就可以输出 a=i+a-i, 函数返回 0。因为 i 是从小到大枚举, 所以最先找到的方案的第一个加数一定是最小的。

主函数输入一个数 n, 对 4 ~ n 中的每一个偶数都进行验证, 所以 for 循环从 4 开始到 n 结束每次 i+=2; 然后对枚举的每个 i, 调用 g ( ) 函数进行找方案, 这样就满足了题目要求。这道题目需要我们对函数有更深的掌握——不仅需要定义两个函数, 还要灵活运用函数的嵌套。

例 6.5　108251. 质因数分解

【题目描述】

已知正整数 n 等于两个不同的质数的乘积, 试求出两者中较大的那个质数。

【输入格式】

输入只有一行, 即一个正整数 n。

【输出格式】

输出只有一行, 即一个正整数 p, 即较大的那个质数。

【输入输出样例】

输入样例	输出样例
21	7

【参考程序】

```cpp
#include <iostream>
using namespace std;
int f(int x)
{
    for(int i=2;i*i<x;i++)
    {
        if(x%i==0)
```

```
        {
            return 0;
        }
    }
    return 1;
}
int g(int a)
{
    for(int i=a-1;i>=2;i--)// 从大到小寻找
    {
        if(a%i==0)
        {
            if(f(i))
            {
                cout<<i;
                return 0; // 找到了符合条件的立即返回 0，保证
结果是最大的
            }
        }
    }
}
int main( )
{
    int n;
    cin>>n;
    g(n);
    return 0;
}
```

例6.6　110112.阶乘和

【题目描述】

已知正整数 n（$n \leq 100$），设 $s=1!+2!+3!+\cdots+n!$。其中"!"表示阶乘，即 $n!=1 \times 2 \times 3 \times \cdots \times (n-1) \times n$，如 $3!=1 \times 2 \times 3=6$。请编写程序实现：输入正整数 n，输出计算结果 s 的值。

【输入格式】

正整数 n。

【输出格式】

输出阶乘和 s 的值。

【输入输出样例】

输入样例	输出样例
4	33

【分析】

第一个函数 fac（）就是例6.2 中的计算阶乘，需要强调的是：如果一个函数需要调用自己本身进行递归，那么就要考虑递归终止条件。然后再定义一个 sum 函数用来算阶乘和，这个函数里先定义一个变量 sum 用来存放阶乘和，局部变量需要手动初始化为0。接下来利用 for 循环依次求阶乘并加入 sum 变量。最后 sum 存放的是阶乘和计算结果，返回 return sum。主函数里输入 n，调用 sum（n）函数求阶乘和并用 cout 输出结果。

【参考程序】

```cpp
#include <iostream>
using namespace std;
int fac(int n)
{
    if(n==1) return 1;// 计算阶乘
```

```
    else return n*fac(n-1);
}
int sum(int n)
{
    int sum=0;
    for(int i=1;i<=n;i++)// 计算阶乘和
        sum+=fac(i);
    return sum;
}
int main( )
{
    int n;
    cin>>n;
    cout<<sum(n);
    return 0;
}
```

第五节　函数综合运用 2

例 6.7　判断回文数

【题目描述】

设计一个程序，可以判断输入的字符串是不是回文数。如果是回文数，则输出 1；否则输出 0（回文数：从左到右和从右到左是一样的）。

【输入输出样例】

输入样例	输出样例
1234321	1

【分析】

这道题的关键是找到数字的正数第 i 位和倒数第 i 位,并依次判断是否相同。示例程序见后续的参考程序,程序中主要有以下几部分:头文件、主函数和判断函数。主函数是程序的主体,最先开始执行,最后结束,也就是说程序从主函数开始,也从主函数结束。主函数可以调用其他函数,细节功能可以由调用的函数完成,这个程序中,回文数的判断就是由调用的判断函数完成。

首先定义一个字符数组 a,储存输入的字符串,Pali_jud 是判断回文数的函数,在函数中用一个 for 循环,逐个判断输入数字对应位置是否相等,也就是从小到大枚举 i,逐个判断正数第 i 位和倒数第 i 位是否相同,直到数组每个字符都判断完才结束循环。

在 if 判断中,我们希望数组第 i 个和倒数第 i 个相等,如果不相等就肯定不是回文数,返回 0;数组第一个是 a[0],e 是数组长度,所以倒数第一个是 a[l–1],i 从 0 算起,则倒数第 i 个是 a[l–1–i],如果全部相等,结束循环之后,函数返回 1。跳出循环的条件为数组执行过一半,因为是数组前一半的数和后一半的数在进行比较。

回到主函数,来看程序的运行过程,输入字符串 a,主函数中调用判断函数 Pali_jud(a),输出返回数也就是判断的结果。

【参考程序】

```cpp
#include <iostream>
#include <cstring>
using namespace std;
int Pali_jud(char a[])
{
    l=strlen(a);
    for(int i=0;i<=l/2;i++)
        if(a[i]!=a[l-1-i])
            return 0;// 一旦发现有对称不相等的情况就返回 0
```

```
        return 1;// 能运行到这里说明是对称相等的，返回1
}
int main( )
{

        char a[10000];

        cin>>a;

        cout<<Pali_jud(a);

        return 0;

}
```

例 6.8   回文质数

【题目描述】

因为 151 既是一个质数又是一个回文数，所以 151 是回文质数。编写一个程序来找出范围 $[a, b]$（$5 \leqslant a < b \leqslant 100\,000\,000$）（一亿）间的所有回文质数。

【输入格式】

整数 a 和 b。

【输出格式】

输出一个回文质数的列表，一行一个。

【输入输出样例】

输入样例	输出样例
5 200	5
	7
	11
	101
	131
	151
	181
	191

【分析】

对于质数的判断，质数是指只能被 1 和自身整除的数字，那么判断一个数字是否为质数，只需要将其除以从 2 到自身减 1 的所有整数，如果都不能除尽，即存在余数，则为质数，否则不是质数。推翻判断只需要一个反例即可，所以在 for 循环中一个数字能被任一整数整除就可判断其不是质数，返回 0 跳出函数。

对于回文数判断，因为输入的是数字而不是字符串，第一步先是将数字 s 转化并按位存进数组里，定义一个数组 a[10]，将 s 储存进数组 a 中。s%10 意为取余，取 s 的最低位，然后使 s 除去最低位，将最新值重新赋予 s，如此进行下去，将 s 的每一个位的数存入 a。创建数组时必须定义数组的类型和大小，数组的大小不能为 0，数组中的元素类型都是相同的，数组一般要先进行初始化，不过这里不需要，我们直接将 s 处理之后存进 a 数组。数组从 0 开始，第一位是 a[0]，转成数组之后，我们按照例 6.7 里判断回文数的流程，定义一个 for 循环，逐位判断是否首尾相等，遇到哪一位不相等就返回 0 跳出函数。

【参考程序】

```cpp
#include <iostream>
using namespace std;
int g(long long s)// 质数判断
{
    for(int i=2;i<s;i++)
    if(s%i==0) return 0;
    return 1;
}
int f(long long s)
{
    char a[10];
    int count=0;
    while(s!=0)
```

```
    {
            a[count]=s%10;  // 将 long long s 的每一位从低到高储
存在数组 a 中
        s=s/10;
        count++;
    }
    for(int i=0;i<count/2;i++)
    {
        // 回文检测，一旦发现不符合条件的就返回 0
        if(a[i]!=a[count-i-1]) return 0;
    }
    return 1;
}
int main( )
{
    long long a,b;
    cin>>a>>b;
    if(a%2==0) a++;
    for(long long i=a;i<=b;i+=2)
    {
        if(f(i)!=0)// 先使用回文检测函数，因为函数耗时远小于
g( )
        {
            if(g(i)!=0) cout<<i<<"\n";
        }
    }
    return 0;
}
```

第六节　函数综合实战

练习1　105384. 评等级

【题目描述】

现有 N（$N \leqslant 1\,000$）名同学，每名同学需要设计一个结构体记录以下信息：学号（不超过 100 000 的正整数）、学业成绩和素质拓展成绩（分别是 0 到 100 的整数）、综合分数（实数）。每行读入同学的学号、学业成绩和素质拓展成绩，并且计算综合分数（分别按照 70% 和 30% 权重累加），存入结构体中。还需要在结构体中定义一个成员函数，返回该结构体对象的学业成绩和素质拓展成绩的总分。

然后需要设计一个函数，其参数是一个学生结构体对象，判断该学生是否"优秀"。优秀的定义是学业和素质拓展成绩总分大于 140 分，且综合分数不小于 80 分。

【输入格式】

第一行输入一个整数 N。

接下来 N 行，每行 3 个整数，依次代表学号、学业成绩和素质拓展成绩。

【输出格式】

N 行，如果第 i 名学生是优秀的，输出 Excellent，否则输出 Not excellent。

【输入输出样例】

输入样例	输出样例
4	Excellent
1223 95 59	Not excellent
1224 50 7	Not excellent
1473 32 45	Excellent
1556 86 99	

练习2 104407. 数字统计

【题目描述】

请统计某个给定范围 [L，R] 的所有整数中，数字 2 出现的次数。比如给定范围 [2，22]，数字 2 在数 2 中出现了 1 次、在数 12 中出现 1 次、在数 20 中出现 1 次、在数 21 中出现 1 次、在数 22 中出现 2 次，数字 2 在该范围内一共出现了 6 次。

【输入格式】

2 个正整数 L 和 R，之间用一个空格隔开。

【输出格式】

数字 2 出现的次数。

【输入输出样例】

输入样例	输出样例
2 22	6

练习3 109870. 回文数

【题目描述】

若一个数（首位不为零）从左向右读与从右向左读都一样，我们将其称为回文数。

例如，给定一个 10 进制数 56，将 56 加 65（即把 56 从右向左读），得到 121 是一个回文数。又如对于 10 进制数 87：

STEP1：87+78 = 165。

STEP2：165+561 = 726。

STEP3：726+627 = 1 353。

STEP4：1 353+3 531 = 4 884。

在这里的 STEP 是指进行了一次 N 进制的加法，上例最少用了 4 步得到回文数 4 884。编写一个程序，给定一个 N（$2 \leq N \leq 16$，$N=16$）进制数 M，求最少经过几步可以得到回文数。如果在 30 步以内（包含 30 步）不可能得到回文数，则输出 Impossible。

【输入格式】

第一行为进制数 N（$2 \leq N \leq 16$ 或 $N=16$）。

第二行为 N 进制数 M（$0 \leq M \leq$ maxlongint）。

【输出格式】

一行，为经过的步数或 Impossible。

【输入输出样例】

输入样例	输出样例
9 87	6

第七章 文件和结构体

第一节 文件操作

当程序运行后，其运行结果就会显示在屏幕上，但这个结果不会被保留，若想再次查看结果时，必须将程序重新运行一遍。如果希望程序的运行结果能够永久保留下来，供随时查阅或取用，则需要将其保存在文件中。文件是根据特定的目的收集在一起的有关数据的集合，C++ 中把文件看成一个有序的字节流。我们已经使用过 iostream 标准库，它提供了 cin 和 cout 方法，分别用于从标准输入读取流和向标准输出写入流。在从文件读取信息或者向文件写入信息之前，必须先打开文件。当一个文件被打开后，该文件就和一个流关联起来，这里的流实际上是一个字节序列。

C++ 将文件分为二进制文件和文本文件。二进制文件由二进制数组成。文本文件由字符序列组成，以字符（Character）为存取最小信息的单位，也称 ASCII 码文件。

下面学习如何编写 C++ 代码来实现对文本文件的输入和输出。

文件操作基本步骤如下：

（1）打开文件。

从文件读取信息或向文件写入信息之前，必须先打开文件。ofstream 和 fstream 对象都可以用来打开文件进行写操作，如果只需要打开文件进行读操作，则使用 ifstream 对象。

（2）对文件进行写操作。

在编写程序中，我们使用运算符 "<<" 向文件写入信息，就像使用该运算符输出信息到屏幕上一样。不同的是，在进行写操作时使用的是 ofstream 或

fstream 对象，而不是 cout 对象。

（3）对文件进行读操作。

同样，我们使用运算符 ">>" 从文件读取信息，就像使用该运算符从键盘输入信息一样。不同的是，在进行读操作时使用的是 ifstream 或 fstream 对象，而不是 cin 对象。

（4）使用完文件后，关闭文件。

当 C++ 程序终止时，它会自动关闭刷新所有流，释放所有分配的内存，并关闭所有打开的文件。但程序员应该养成在程序终止前关闭所有打开的文件的好习惯。

文件输入流（ifstream）和文件输出流（ofstream）的类，用于在创建对象时，设定输入或输出到哪个文件，它们的默认输入输出设备都是磁盘文件。由于这些类的定义是在 fstream 中进行的，因此在使用这些类进行输入输出操作时，使用了标准库 fstream，所以必须要在程序的文件中包含头文件 <fstream>，它定义了三个新的数据类型：

（1）ofstream：该数据类型表示输出文件流，用于创建文件并向文件写入信息。

（2）ifstream：该数据类型表示输入文件流，用于从文件读取信息。

（3）fstream：该数据类型通常表示文件流，且同时具有 ofstream 和 ifstream 两种功能，这意味着它可以创建文件、向文件写入信息和从文件读取信息。

例如：用 infile 作为输入对象，outfile 作为输出对象，则可以使用如下定义：

```
ifstream infile ("filename.扩展名");
ofstream outfile ("filename.扩展名");
```

【参考程序】

```
#include <iostream>
#include <fstream>
using namespace std;
int main()
```

```
{
    ifstream infile ("in.txt");        // 定义输入文件名
    ofstream outfile ("out.txt");      // 定义输出文件名
    int temp,sum=0;
    while (infile >>temp)
sum=sum+temp;      // 从输入文件中读入数据
    outfile <<sum<<endl;
    infile.close();
outfile.close();       // 关闭文件，可省略
    return 0;
}
```

第二节 海纳百川——结构体

大家知道"海纳百川"这个成语吗？如图 7.1 所示，"海纳百川"形容大海容得下成百上千条江河之水。比喻接纳和包容的东西非常广泛，而且数量很大。在现实生活中如此，在程序里面有类似于海纳百川的数据类型吗？答案是肯定的。

图 7.1 海纳百川

我们经常能在日常生活中看到个人信息表，如成绩表、体质测试表、个人信息登记表等，这些表需要包含学号、姓名、身份证号、性别、成绩等数据，而这些数据项的类型是不一样的，有整型、字符型、字符串和浮点型。那在程

序中应该怎样处理这些信息呢？你肯定会想到数组。数组虽然能够存储多个数据项，但只能存储一样类型的数据，这就需要用"海纳百川"的思想解决问题。对此，聪明的设计者专门定义了一种数据类型，它可以将一组类型不同的相关数据封装在一个变量中，这种数据类型称为结构体。

结构体能够以一种方便而整齐的方式把一组类型不同的相关数据封装在一个变量里，这样就可以清晰地表达数据之间的关系，提高程序的可读性。接下来让我们揭开结构体的神秘面纱吧！

例 7.1　成绩统计

【题目描述】

输入 N 个学生的姓名和语文、数学的得分，按总分从高到低输出，分数相同的按输入顺序先后输出。

【输入格式】

第 1 行有一个整数 N，N 的范围为 $[1, 100]$；下面接 N 行，每行一个姓名，2 个整数。姓名由不超过 10 个的小写字母组成，整数范围是 $[0, 100]$。

【输出格式】

总分排序后的名单共 N 行，每行格式：姓名 语文 数学 总分。

【输入输出样例】

输入样例	输出样例
4 gaoxiang 78 96 wangxi 70 99 liujia 90 87 zhangjin 78 91	liujia 90 87 177 gaoxiang 78 96 174 wangxi 70 99 169 zhangjin 78 91 169

【分析】

由于学生成绩信息包含字符串和整型，如果用两个数组保存不利于把一个学生的信息当成一个整体处理。而结构体正好可以把不同的数据类型封装在一起，因此可以通过使用结构类型的方法来解决这个问题。

【参考程序】

```cpp
#include <iostream>
#include <string>
using namespace std;
struct student{
    string name;
    int chinese,math;
    int total; };    //定义 struct 类型，类型名为 student
student a[110];    //定义一个数组 a，  student 类型
int n;
int main(){
    cin>>n;
    for (int i=0; i<n; i++){    // 对结构体中成员的赋值、取值
        cin>>a[i].name;
        cin>>a[i].chinese >>a[i].math;
        a[i].total=a[i].chinese+a[i].math; }
    for (int i=n-1; i>0; i--)
        for (int j=0; j<i; j++)         //排序
            if (a[j].total<a[j+1].total)
                swap(a[j],a[j+1]);
    for (int i=0; i<n; i++)         //输出
      cout<<a[i].name<<" "<<a[i].chinese<<" "
      <<a[i].math<<" "<<a[i].total<<endl;
    return 0;
}
```

一、结构体长什么样

1. 结构体及结构体变量

首先我们需要意识到，结构体是一种变量，既然是变量就需要提前声明。上述参考程序中，这一段语句定义一个 struct 的类型，类型名叫 student。

```
struct student{
    string name;
    int chinese,math;
    int total;
};
```

在实际使用中，结构体变量的定义有两种形式：

（1）定义结构体类型的同时定义变量。

```
struct 结构名
{
    类型名 结构成员名；// 可以有多个成员
    成员函数；// 可以有多个成员函数，也可以没有
} 结构体变量表；// 定义结构体变量
```

该程序中 struct 是关键字，它和后面的结构名一起组成一个新的数据类型名，用逗号隔开结构的定义，以分号结束，也可以同时定义多个结构体变量。C++ 中把结构的定义看作一条语句。

（2）先定义结构体再定义结构体变量。

```
struct 结构体类型名
{
    类型名 结构成员名；
    成员函数；
};
结构体名 结构体变量表 // 同样可以同时定义多个结构体变量
```

例如:

①单独定义: 先定义一个结构类型, 再定义一个具有这种结构类型的变量。

```
struct student{
int num; //定义学号
char name[10]; //定义姓名
int computer,english,math; //三门课程成绩
double average; //个人平均成绩
};
struct student s1,s2;
```

②混合定义: 在定义结构体的同时定义结构变量。

```
struct student{
int num; //定义学号
char name[10]; //定义姓名
int computer,english,math; //三门课程成绩
double average; //个人平均成绩
}s1,s2;
```

③无类型名定义: 在定义结构变量时省略结构名。

```
struct{
int num; //定义学号
char name[10]; //定义姓名
int computer,english,math; //三门课程成绩
double average; //个人平均成绩
}s1,s2;
```

在定义结构体变量时需注意, 结构体变量名和结构体名不能相同。在定义结构体时, 系统对其不分配实际内存。只有定义结构体变量时, 系统才为其分配内存。如定义 sl 为 student 结构体类型的结构变量为 struct student s1={101, zhang,78,87,85}, 示例如下:

num	name	computer	english	math	average
↓	↓	↓	↓	↓	↓
101	Zhang	78	87	85	—

2. 结构体变量的特点

（1）结构体变量可以整体操作，例如：

```
swap(a[j],a[j+1]);
```

（2）结构体变量的成员访问也很方便、清晰，例如：

```
cin>>a[i].name;
```

（3）结构体变量的初始化和数组的初始化类似，例如：

```
student dat={zhang,78,87,85};
```

3. 结构变量的使用

（1）结构变量成员的引用。

使用结构成员操作符"."来引用结构成员，格式为

结构变量名 . 结构成员名

```
s1.num=101;

strcpy(s1.name,"Zhang");

nest_s1.addr.zip=310015;
```

（2）结构变量的整体赋值。

具有相同类型的结构变量可以直接赋值。赋值时，将赋值符号右边结构变量的每一个成员的值都赋给左边结构变量中相应的成员。

```
struct student s1={101,"zhang",78,87,85}, s2;
s2=s1
```

（3）结构变量作为函数参数。

如果一个C程序的规模较大，功能较多，必然需要以函数的形式进行功能模块的划分和实现。

如果程序中含有结构数据，则可能需要使用结构变量作为函数的参数或返回值，以在函数间传递数据。

```
double count_average(student s);
main:s1.average=cout_average(s1);
```

优点：可以传递多个数据且参数形式较简单。

缺点：对于成员较多的大型结构，参数传递时所进行的结构数据复制使得效率较低。

例 7.2 离散化基础

【题目描述】

在使用离散化方法编程时，通常要知道每个数排序后的编号（rank 值）。相同的数对应一个编号，rank[i] 表示第 i 个数在所有数里的排名。

【输入格式】

第一行，一个整数 N，范围在 [1, 10 000]；第二行，有 N 个不相同的整数，每个数都是 int 范围的。

【输出格式】

依次输出每个数的排名。

【输入输出样例】

输入样例	输出样例
5 8 2 6 9 4	4 1 3 5 2

【分析】

对每个数进行排序的关键是怎样把排名写回原来的数"下面"。程序采用了分别对数值和下标不同关键词二次排序的办法来解决这个问题。一个数据"节点"应该包含数值、排名、下标三个元素，用结构体更合适。

【参考程序】

```
#include <iostream>
#include <algorithm>
```

```cpp
using namespace std;
struct node{
    int data;
    int rank;
    int index;
};
node a[10001];
int n;
bool comp1(node x,node y){
    return x.data<y.data;
}
bool comp2(node x,node y){
    return x.index<y.index;
}
int main()
{
    cin>>n;
    for (int i=1; i<=n; i++)
        cin>>a[i].data,a[i].index=i;
    sort(a+1,a+1+n,comp1);
    for (int i=1; i<=n; i++) a[i].rank=i;
    sort(a+1,a+1+n,comp2);
    for (int i=1; i<=n; i++)
        cout<<a[i].rank<<' ';
    return 0;
}
```

二、结构数组

一个结构变量只能表示一个实体的信息，如果有许多相同类型的实体，就需要使用结构数组。

结构数组是结构体与数组的结合，与普通数组的不同之处在于每个数组元素都是一个结构类型的变量。

1. 结构数组的定义

结构数组的定义方法与结构变量类似，只需声明其为数组即可。

```
struct student{
    int num;
    char name[10];
    int math;
    int chinese;
    int english;
    double average;
}; // 声明结构体类型 student

student students[50];   // 定义 student 类型的数组 students
```

结构数组 students 有 50 个数组元素，从 students[0] 到 students[49],每个数组元素都是一个结构体类型 struct student 的变量。

结构数组初始化如下：

```
student students[50] = {
    {101,"Zhang",76,85,78},
    {102,"Wang",83,92,86}};
```

students[0]	101	Zhang	76	85	78
students[1]	102	Wang	83	92	86
⋮	⋮	⋮	⋮	⋮	⋮
students[49]	—	—	—	—	—

2. 结构数组的使用

结构数组元素的成员引用格式如下：

结构数组名 [下标]. 结构成员名

使用方法与同类型的变量完全相同：

```
studentst[i].num = 101;
strcpy(students[i].name,"Zhang");
students[i]= students[k];
```

例如，输入 n（n<50）个学生的成绩信息，按照学生的个人平均成绩从高到低输出他们的信息。

```
#include <iostream>
using namespace std;
struct student{ // 声明结构体类型 student
    int num;
    char name[10];
    int math;
    int chinese;
    int english;
    double average;
};
student students[50]; // 定义 student 类型的数组 students
student temp;
int main(){
    int n, i, j;
    printf(" 请输入人数 :");
    scanf("%d", &n);
    printf(" 编号 姓名 语文 数学 英语 ( 用空格间隔 )\n");
    for (i = 0; i < n; i++){
        scanf("%d %s %d %d %d",
                &students[i].num,
                &students[i].name,
                &students[i].math,
                &students[i].chinese,
```

```
                        &students[i].english);
            students[i].average = (students[i].math +
            students[i].chinese + students[i].english) /3.0;
// 注意用 3.0
        }
        for (i = 0; i < n - 1; i++){
            for (j = 0; j < n - 1 - i; j++){
                    if (students[j].average < students[j +
1].average){
                    temp = students[j];
                    students[j] = students[j + 1];
                    students[j + 1] = temp;
        }}}
        printf("\n num \t name \t average \n");
        for (i = 0; i < n; i++){
            printf("%d \t %s \t %.2lf\n", students[i].num,
                students[i].name, students[i].average);}
        return 0;
    }
```

三、练习

练习1 105386. 信息社团

【题目描述】

学校信息社团的学生有如下信息：

①姓名（字符串）。

②年龄（周岁，整数）。

③去年信息学成绩（整数，且保证是5的倍数）。

经过一年的学习，所有同学的成绩都提升了20%（信息学满分是600分，不能超过这个得分）。

请输入学员信息，设计一个结构体储存这些学生信息，并设计一个函数模拟培训过程，其参数是结构体类型，返回同样的结构体类型，并输出学生信息。

【输入输出样例】

输入样例	输出样例
3 kkksc03 24 0 chen_zhe 14 400 nzhtl1477 18 590	kkksc03 25 0 chen_zhe 15 480 nzhtl1477 19 600

练习2　注册帐号

【题目描述】

某学习平台注册个人帐号需要姓名、身份证号、手机号。请编写程序并用恰当的数据结构保存信息，统计身份证中男性和女性的人数（身份证第 17 位代表性别，奇数为男，偶数为女）。

【输入格式】

第一行一个整数 N，范围在 [1，10 000]；下面 N 行，每行三个字符串：第一个字符串表示姓名，第二个字符串表示身份证号，第三个字符串表示手机号。

【输出格式】

两行：男性人数、女性人数。

【输入输出样例】

输入样例	输出样例
4 Zhao 522635201000008006 18810788889 qian 51170220100000175X 18810788887 sun 45102520100000935X 18810788886 li 511702201000006283　18810788885	2 2

第八章 指 针

第一节 快捷方式——指针

一、为什么要使用指针

你了解或者用过网盘吗？网盘为用户免费或收费提供文件的存储、访问、备份、共享等文件管理功能，并且拥有高级的世界各地的容灾备份。无论是在家中、单位或其他任何地方，只要连接到因特网，就可以管理、编辑网盘里的文件，学习生活变得非常便捷。

如果你在网盘中存放了大小超过 3 GB 的文件，现在想要把这些文件分享给同学，你会用什么办法呢？

【分析】

第一种方式：从网盘中下载文件到本地，然后通过 U 盘或者硬盘拷贝给同学，这种方式费时费力，如图 8.1 所示。

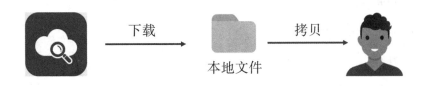

图 8.1 下载、拷贝方式

第二种方式：通过网盘生成下载文件二维码，再将二维码通过网络发送给同学，他自行下载或者保存到自己的网盘中，如图 8.2 所示。显然第二种方式更加方便。这里的二维码，就是一个指针。

分享二维码 网络发送

图 8.2　二维码方式

【新知讲解】

在上述网盘分享文件的例子中，图 8.2 提供了扫描二维码就可以获取相应文件的方式。我们发现，这些二维码所占的存储空间很小，可是占用空间那么小的二维码怎么能获取几个 GB 甚至更大的文件呢？原来，二维码里面存储了文件的链接地址，而链接地址链接了文件，所以通过二维码的链接地址即可找到文件。二维码所存储的内容并不是所要访问的文件本身，而是所要访问的文件在云端存储上的链接。使用二维码的目的就是快捷方便，无须人为传输文件。不过如果所要指向的链接不存在或链接不正确，那么扫描二维码就会导致错误发生。

通过上述网盘分享文件问题的引入，我们了解到了指针的两个作用：一个是避免副本，另一个是能共享数据。

例 8.1　阅读程序并输出结果

【题目描述】

阅读以下程序，输出结果。

```cpp
#include <iostream>
using namespace std;
int IncNum(int x)
{
  x = x + 1;
}
int main( )
{
```

```
    int num = 5;
    IncNum(num);
    printf(" 人数是 %d",num);
    return 0;
}
```

【运行结果】

人数是 5

我们已经学习了变量的作用域，在这个程序中，函数 IncNum 中的 x 作用域只在函数里，所以修改 x 的值不会影响到 main 函数中的 num。但是通过指针，我们就能直接对 num 变量的地址进行操作，在函数中直接修改传进来的参数的值，因为函数中调用变量是按照值传递的。也就是说，在执行 IncNum 的时候，我们创建了一个新的变量 x，并且让 x 等于传入的 num，也就是之前例子中说的拷贝文件。这个时候在函数中修改 x 并不能改变 num 的值：修改发生在拷贝文件上，当函数结束 x 就被丢弃了，拷贝文件并不会自动传递回去。

二、指针如何使用

在 C++ 中，可以给内存中的数据创建"快捷方式"，我们称之为指针。在内存中，可能会有一些数据，我们不知道它的变量名却知道它在内存中的存储位置，即地址，就像分享文件时我们只需知道二维码，利用快捷方式的原理就可对这些文件进行访问，如图 8.3 所示。

图 8.3　二维码存储文件地址链接

指针和整型、字符型、浮点型一样，是一种数据类型。指针中存储的并不是所要调用的数据本身，而是所要调用的数据在内存中的地址。每个变量都被存放在从某个内存地址（以字节为单位）开始的若干个字节中。大小为 4 个字节（或 8 个字节，取决于系统版本）的变量，其内容代表一个内存地址。

在使用指针之前要先定义指针，对指针变量的类型说明的一般形式如下：

> 类型名 * 指针变量名；

其中，*表示这是一个指针变量，变量名即为定义的指针变量名，类型说明符表示该指针变量所指向的变量的数据类型。

1. 普通变量定义

普通变量定义示例如下：

> int a=123;

其中，a 是一个 int 类型的变量，值为 123。内存空间中存放 a 的值，存取操作时直接到这个内存空间中存取。内存空间有对应的位置，也就是地址，指针变量指向如图 8.4 所示，存放 123 的地址可以用取地址操作符 &，对 a 运算得到 &a。

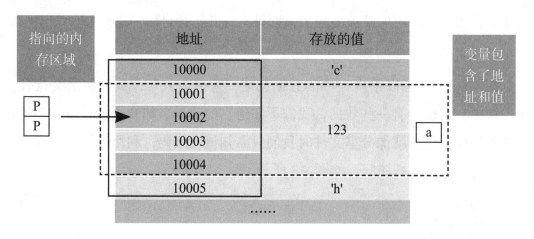

图 8.4　指针变量指向

2. 指针变量定义

指针变量定义示例如下：

> int *p=123;

该语句定义了一个指针变量 p，变量 p 的类型是 int *，p 指向一个内存空间，而里面存放的是内存地址。一般情况下，指针（int *p）与普通变量（int a）的对应关系见表8.1。

表 8.1 指针与普通变量关系

p	*p	*p=123
&a	a	a=123

3．如何给指针变量赋值

给指针变量赋值示例如下：

    p =&a;

该赋值只是把 a 变量的内存空间地址赋给了 p，也可以写成 int*p=&a，在指针变量初始化时就赋值，但是不能写成 *p=&a。因此，对 p 存取时操作的是地址，而不是值，这也决定了不允许把一个数值赋予指针变量，故 int*p；p=1000 的赋值是错误的。但是通过地址的间接操作可以实现对变量值的访问即使用指针操作等"*"。即 *p 的值是 123。指针的几个相关操作说明见表8.2。

表 8.2 指针的几个相关操作说明

说明	样例
指针定义： 类型名 * 指针变量名；	int a=123 int *p;
取地址运算符：&	p=&a;
间接运算符：*	*p=123;
指针变量直接存取的是内存地址	cout<<p; 结果可能是：0x4097ce
间接存取的才是储存类型的值	cout<<*p; 结果是：123

例 8.2 输出大数

【题目描述】

输入两个不同的整数，把较大的那个数翻倍并输出。

【输入输出样例】

输入样例	输出样例
3 2	6

【参考程序】

```cpp
#include <iostream>
using namespace std;
int main() {
    int a,b;
            int *p;// 定义一个指向一个整数的指针变量 p
            cin>>a>>b;
            if(a>b)
                p=&a;
            else
                p=&b ;
            cout<<(*p)*2<<endl;
    return 0;
}
```

【说明】

（1）变量 a 和 b 一旦定义，系统就会给它们分配内存空间，而且在程序运行过程中，其内存地址是不变的，这种储存方式称为"静态存储"。

（2）指针变量 p 定义以后，其地址空间是不确定的，默认为 NULL。当执行到 p=&a 或 p=&b 时，p 才指向 a 或 b 的地址，才能确定 p 的值。这种存储方式称为"动态存储"。

三、练习

练习1　114721. 数字翻倍

【题目描述】

输入两个不同的整数，把较小的那个数翻倍并输出。请用指针完成。

【输入输出样例】

输入样例	输出样例
2 3	4

练习 2　108748. 求极差（指针）

【题目描述】

给出 n（$n \leq 100$）和 n 个整数 ai（$0 \leq ai \leq 1\,000$），求这 n 个整数中的极差是什么（极差：一组数中的最大值减去最小值的差），用指针完成。

【输入输出样例】

输入样例	输出样例
6 1 1 4 5 1 4	4

第二节　指针的运算

一、指针运算

由于指针变量存储的是内存地址，所以可以执行加法、减法运算。但是和一般的数字加减法运算不同，这里由于 p 是一个指向 int 类型的指针，因此对 p 执行一次加一操作，内存地址移动 4 位，也就是一个 int 的长度。指针移动示意图如图 8.5 所示。

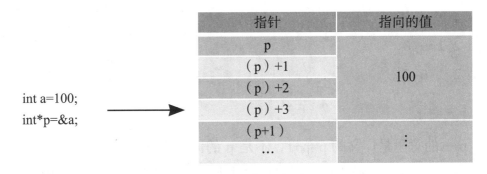

指针	指向的值
p	
（p）+1	
（p）+2	100
（p）+3	
（p+1）	⋮
...	

int a=100;
int*p=&a;

图 8.5　指针移动示意图

例 8.3　指针访问输出

【题目描述】

输入 N 个整数，使用指针变量访问输出。

【参考程序】

```cpp
#include <iostream>
using namespace std;
int a[100], n;
int main(){
    cin >> n;
    for (int i = 0; i < n; i++)
        cin >> a[i];
    int *p;        // 指针变量的声明
    p = &a[0]; // 在指针变量中存储 a 的首地址，即 a[0];
    for (int i = 0; i < n; i++){
        cout << *p;
        p++; // p 指向下一个数
    }
    return 0;
}
```

【运行结果】

```
4
2 1 6 0
2 1 6 0
```

【说明】

p++ 的意思是广义的 p=p+1，不是 p 的值（地址）加 1，而是根据类型 int 增加 sizeof（int），即刚好"跳过"一个整数的空间，达到下一个整数。

注意，*p+3 和 *（p+3）是不同的。对于本题，前者是指 a[0]+3, 而后者是指 a[3]。还需注意，*p+3 和 *（p+3）是不同的。对于本题，前者是指 a[0]+3, 而后者是指 a[3]。

二、无类型指针

有时候，定义指针时还不确定要指向的内容是什么类型，此时就先定义成无类型指针 void，以后可以根据需要，随时进行强制类型转换，如用（int*）p 转换为整型指针。

例 8.4　无类型指针运用举例

【参考程序】

```cpp
#include <iostream>
using namespace std;
int main()
{
    int a = 20;
    double b = 4.5;
    void *p;
    p = &a;                         // p 的地址赋值
    cout << *(int *)p << endl; // 运算优先级为先 (int*) 强制
转换，再 * 取值
    p = &b;                         // p 的地址赋值
    cout << *(double *)p;
    return 0;
}
```

【运行结果】

```
20
4.5
```

【说明】

以上是一个转换指针类型的实例程序，使同样一个指针可以用于表示不同类型的变量。程序中，对于输出时候的 *（int*）p 和 *（double*）p，运算优先级是先执行后面的对 p 强制转换类型，再执行前面的 * 取值操作。

三、指针的指针是什么

指针是一个变量，和普通的变量一样，它也是存储在电脑的内存区域中的，所以我们可以找到另一个指针来指向它。如图 8.6 所示，pp 指针指向一个指向整型的指针变量 p。

int*p

指针 p	指向的值
10000	
10001	123
10002	
10003	

int**pp=&p

指针的指针 pp	指向的值
10000	
10001	10000
10002	
10003	

图 8.6　pp 指针指向一个指向整型的指针变量 p

例 8.5　多重指针运用举例

【参考程序】

```cpp
#include <iostream>
using namespace std;
int a = 10;
double b = 3.5;
void *p;
int main()
{
    int a=10;
    int* p;
    int **pp;
    p=&a;
    pp=&p;
    cout<<a<<"="<<*p<<"="<<**pp<<endl;
```

```
        return 0;
    }
```

【运行结果】

```
 10=10=10
```

【说明】

从输出结果发现，cout 输出的三个表达式结果是一样的：a=*p=**pp。**pp 相当于对 pp 取值得到 p，再对 p 指针取值得到 a 的值。这就是指针的指针，有了二重指针，相应也会有三重指针、n 重指针等。

四、练习

练习1 108743.分类平均（指针）

【题目描述】

给定 n（$n \leqslant 10\,000$）和 k（$k \leqslant 100$），将从 1 到 n 之间的所有正整数分为两类：A 类数可以 k 整除（也就是说为 k 的倍数），而 B 类数不能。请输出这两类数的平均数，精确到小数点后 1 位，用空格隔开（用指针完成）。应保证两类数的个数都不会是 0。

【输入输出样例】

输入样例	输出样例
100 16	56.0 50.1

练习2 114722.判断程序运行结果

阅读程序，判断运行结果。

```
#include <iostream>
using namespace std;
int a = 10;
double b = 3.5;
void *p;
```

```cpp
int main()
{
    int *p;
    char *q;
    p=new(int);
    q=new(char);
    *p=65;
    *q=*p;
    cout<<*p<<" "<<*q<<endl;
    return 0;
}
```

第三节 指针与数组

一、指针与数组的关系

例 8.6   指针与数组

【题目描述】

指针和数组结合在一起会怎么样呢？阅读程序，判断程序的运行结果。

```cpp
#include <iostream>
using namespace std;
int main()
{
    int a[20]={1,2,3,4,5,6,7,8};
    cout<<a<<endl;
    return 0;
}
```

【分析】

首先，我们来运行一下这份代码，如果正常的话，同学们的输出结果应当是 0x6ffdc0。输出的这个是什么呢？我们看前缀是 0x，判断为十六进制数，根据我们之前的学习，知道 C++ 中地址就是十六进制的。确实，这里输出的就是一个地址。那么，为什么当我们不带索引打印数组名时会打印出一个地址的值呢？

这是因为在 C++ 中，数组名实际上就可以当作指针，这个指针会指向哪里呢？当然是数组的第一个元素的首地址。

【新知讲解】

指向数组的指针变量称为数组指针变量。一个数组是由一块连续的内存单元组成的，数组名就是这块连续内存单元的首地址。一个数组元素的首地址就是指它占有的几个内存单元的首地址。一个指针变量既可以指向一个数组，也可以指向一个数组元素，可把数组名或第一个元素的地址赋予它。如要使指针变量指向第 i 号元素，可以把 i 元素的首地址赋予它，或把数组名加 i 赋予它。

二、指向数组的指针

数组指针变量说明的一般形式：类型说明符 * 指针变量名。

引入指针变量后，就可以用两种方法访问数组元素了。例如：定义了 int a[5];int *pa=a;，用 pa[i] 形式访问 a 的数组元素；采用指针法即 *（pa+i）形式间接访问的方法来访问数组元素。

例 8.7　阅读并上机调试以下程序

【参考程序】

```cpp
#include <iostream>
using namespace std;
int main()
{
    int a[]={10,11,12,13,14,15};
    int*p=a+4;
    cout<<*a;
```

```
    cout<<" "<<*(a+3);
    cout<<" "<<*(++p) <<endl;
    return 0;
}
```

【运行结果】

```
10
13
15
```

【说明】

把数组名当作指针使用时，我们还可以使用指针变量的加法。在这个程序中，我们用 cout 输出 *a、*（a+3）、*（++p），其中指针 p 赋值为 a+4，发现输出为 10、13、15，三个指针分别指向了 a[0]、a[3]、a[5]。这里要注意的是，直接拿数组名 a 当指针用时，a 始终是静态的，不可变的。不能改变 a 的值，就不能做 "a=a+4;" 或者 "++a" 这样的运算，而指针变量 p 可以任意地赋值。

三、指针也可以看成数组名

指针可以动态申请空间，如果一次申请多个变量空间，系统给的地址就是连续的，可以当成数组使用，这就是动态数组的一种。

例 8.8　动态数组，计算前缀和数组

【参考程序】

```
#include <iostream>
using namespace std;
int n;
int *a; // 定义指针变量 a，后面直接当数组名使用
int main()
{
    cin>>n;
    a=new int[n+1];// 向操作系统申请了连续的 n+1 个 int 型的空间
```

```
    for (int i=1; i<=n; i++)
        cin>>a[i];
    for (int i=2; i<=n; i++)
        a[i]+=a[i-1];
    for (int i=1; i<=n; i++)
        cout<<a[i];
    return 0;
}
```

【输入输出样例】

输入样例	输出样例
5 1 2 3 4 5	1 3 6 10 15

【分析】

我们定义一个指针变量 a，然后用 new 函数开辟一段 n 个 int 变量长度的连续空间，返回的首地址指针赋值给 a；在内存空间开辟的连续变量空间可以直接当数组使用。

四、练习

练习 1   114726. 阅读程序

【题目描述】

判断程序的运行结果。

```
#include <iostream>
using namespace std;
int a = 10;
double b = 3.5;
void *p;
int main()
{
```

```
    int a[]={10,11,12,13,14,15};
    int* p=a+4;
    cout<<*a;
    cout<<" "<<*(a+3);
    cout<<" "<<*(++p);
    return 0;
}
```

练习2　108745.哥德巴赫猜想（指针）

【题目描述】

输入一个偶数 N（$N \leqslant 10\ 000$），验证 4~N 的所有偶数是否符合哥德巴赫猜想：任一大于 2 的偶数都可写成两个质数之和。如果一个数不止一种分法，则输出第一个加数相比其他分法最小的方案。例如 10，10=3+7=5+5，则 10=5+5 是错误答案。请使用指针解决该问题。

【输入输出样例】

输入样例	输出样例
10	4=2+2
	6=3+3
	8=3+5
	10=3+7

第四节　指针与函数

程序中需要处理的数据都保存在内存空间，而程序中的函数同样也保存在内存空间，C++ 支持通过函数的入口地址，也就是指针来访问函数。也就是说和变量一样可以用指针访问，函数也可以用一个指向它的指针访问，这种函数类型的指针称作函数指针。

一、函数指针

指针可以作为函数的参数。在函数中，我们把数字作为参数传入函数中，实际上就是利用了传递指针（即传递数组的首地址）的方法。通过首地址，我们可以访问数组中的任何一个元素。

例 8.9 阅读并上机调试以下程序

【参考程序】

```cpp
#include <iostream>
using namespace std;
int test(int a)
{
    return a*a;
}
int main()
{
    cout<<(void*)test<<endl;
    int(*p)(int a);
    p=test;
    cout<<p(5)<<endl;
    cout<<(*p)(10)<<endl;
    return 0;
}
```

【运行结果】

```
0x401530
25
100
```

【分析】

通过程序我们可以看到，这是一个类型为指向 int 的函数，它返回的是一个指向函数内变量 p 的指针。前面的学习中我们知道局部变量在函数结束以后会立即释放，这块内存区域不再被我们的程序使用。如果返回这个内存区域的指针被使用，程序并不会报错，但是很容易得到意外的结果，因为后续的内存分配可能会把这块内存分出去并修改，我们调用 p 指针的时候，访问到的就是修改后的结果，变量 a 很可能已经不存在了。

【说明】

（1）定义函数指针要与函数原型一致。

（2）获取函数的地址有两种方式：一种是直接使用函数名，另一种是使用取地址符。

（3）调用函数有两种方式：一种是直接使用函数名，另一种是使用函数指针。

例 8.10 排序

【题目描述】

编写一个函数，将三个整型变量排序，并将三者中的最小值赋给第一个变量，次小值赋给第二个变量，最大值赋给第三个变量。

【参考程序】

```cpp
#include <iostream>
using namespace std;
void swap(int *x,int *y){
    int t=*x;
    *x=*y;
    *y=t;
}
void sort(int *x,int *y,int *z){
```

```
    if (*x>*y) swap(x,y);
    if (*x>*z) swap(x,z);
    if (*y>*z) swap(y,z);
}
int main(){
    int a,b,c;
    cin>>a>>b>>c;
    sort(&a,&b,&c);
    cout<<a<<b<<c;
    return 0;
}
```

【运行结果】

```
3 2 1
1 2 3
```

二、函数返回指针

由于指针是一种变量类型，因此函数的返回值也可以是指针。这时函数返回的就是一个地址。

函数返回值为指针的函数一般定义形式如下：

```
类型名 * 函数名 ( 参数列表 ){
    函数语句块
    return 类型名 *   指针变量名
}
```

例如：

```
int *a(int x,int y)
```

上面的语句中，a 是函数名，调用它后得到一个指向整型数据的指针（地址）。x 和 y 是函数 a 的形参，为整型。

例 8.11 程序阅读题

阅读以下程序，思考这种做法的正确性。

【参考程序】

```cpp
#include <iostream>
using namespace std;
int* func()
{
    int a=10;
    int* p=&a;
    return p;
}
int main()
{
    int* p1;
    p1=func();
    cout<<*p1<<endl;
    return 0;
}
```

【分析】

以上程序的写法是有问题的：函数返回指针 p，p 指向了函数内的局部变量 a，所以函数返回的是 a 的地址。错误原因是调用函数时，不能返回函数局部变量的指针。程序中的类型为一个指向 int 的函数，它返回的是一个指向函数内变量 p 的指针。我们知道局部变量在函数结束以后会立即释放，这块内存区域不再被程序使用，如果返回这个内存区域的指针使用，程序并不会报错，但是很容易得到意外的结果，因为以后分配内存时可能会把这块内存分出去并修改，调用 p 指针的时候，访问到的就是修改后的结果，变量 a 很可能已经不存在了。

三、函数传入参数

给函数传入参数有三种方法：按值传参、地址传参和引用传参。

（1）按值传参。

例 8.12　按值传参示例

【参考程序】

```
#include <iostream>
using namespace std;
void add(int a){
  a++;
}
int main(){
  int a=10;
  add(a);
  cout<<a;
  return 0;
}
```

【运行结果】

```
10
```

【说明】

add 函数传入在主函数中定义的变量时仅传入这个变量的值，相当于拷贝一份副本供add使用，并不会改变它原来的值。通过代码运行结果我们可以看到，尽管在函数 add 里存在 a++，但输出的主函数里的 a 还是 10，没有变化。这就是按值传参。

（2）地址传参。

例 8.13   按地址传参示例

【参考程序】

```
#include <iostream>
using namespace std;
void add(int* p)
{
  *p=*p+1;
}
int main()
{
  int a=10;
  int* p=&a;
  add(p);
  cout<<a;
  return 0;
}
```

【运行结果】

11

【说明】

若我们想改变变量的值,可以通过地址直接对变量进行改变:将函数参数传入变量的指针地址进行地址传参。需要注意的是,函数括号中的 * 号在 int 后,代表 p 是一个指针;而表达式中的 * 则是访问 p 这个指针指向的地址的值,执行表达式会令这个地址的值加 1,也就是让主函数中的变量 a 加 1。

(3)引用传参。

例 8.14   引用传参示例

【参考程序】

```
#include <iostream>
```

```
using namespace std;
void add(int &b)
{
    b++;
}
int main()
{
    int a=10;
    add(a);
    cout<<a;
    return 0;
}
```

【运行结果】

11

【说明】

引用变量是 C++ 中的一种复合类型，它的本质就是给原变量起了一个别名，类似于大名和小名都代表同一人。在定义引用的时候必须同时进行初始化，初始化后即固定，不能通过赋值语句把对一个变量的引用改成对另一个变量的引用。

通过输出结果可知，引用传参和地址传参作用一样，而引用传参可以让代码比传指针地址的写法简洁，更方便我们使用程序。

四、练习

练习1　108749.阅读程序

【题目描述】

判断程序的运行结果。

```
#include <iostream>
using namespace std;
```

```
int test(int a){
    return a*a;
}
int main()
{
    int(*p)(int a);
    p=test;
    cout<<(*p)(10)<<endl;
    return 0;
}
```

练习2　108751.质数筛（指针）

【题目描述】

输入 n（$n \leqslant 1\,000$）个不大于 100 000 的整数。要求全部储存在数组中，去除掉不是质数的数字，依次输出剩余的质数。请使用指针完成该问题。

【输入输出样例】

输入样例	输出样例
5 3 4 5 6 7	3 5 7

第五节　链表结构

一、链表存储结构

链表存储结构分为顺序存储结构和链式存储结构。

1. 顺序存储结构

数组结构在使用之前必须加以声明，以便分配固定大小的存储单元，直到（子）程序结束才释放空间。这种存储方式为顺序存储结构，又称为静态存储。它的优缺点如下：

（1）优点：可以通过一个简单的公式随机存取表中的任一元素，逻辑关系上相邻的两个元素在物理位置上也是相邻的，且很容易找到前趋与后继元素。

（2）缺点：线性表的大小预先在申明数组时指定，无法更改，容量一经定义就难以扩充；由于线性表存放的连续性，在插入和删除线性表的元素时，需要移动大量的元素。

2. 链式存储结构

链式存储结构使用离散存放的方式来进行动态管理，并使用计算机的存储空间，保证存储资源的充分利用；同时也可以利用指针来表示元素之间的关系，在程序的执行过程中，通过两个命令向计算机随时申请或释放存储空间。它的优点在于可以用一组任意的存储单元（这些存储单元可以是连续的，也可以不连续的）存储线性表的数据元素，这样就可以充分利用存储器的零碎空间。

3. 链表概念

为了表示任意存储单元之间的逻辑关系，对于每个结点（链点）来说，除了要存储它本身的信息（元素域、data）外，还要存储它的直接后继结点的存储位置（链接域、link 或 next）。我们把这两部分信息合在一起称为一个"结点"（node）。

二、单链表的定义

1. 结点的定义

结点的定义示例如下：

```
typedef struct
{
    elemtype data;// 元素值的类型，如：int 整形
    struct node * next;
}node ;
```

2. 链表的定义

链表的定义示例如下：

```
typedef struct list_type
{
  node *head;
  node *tail;
  int length;
}list_type;
```

N个结点链接在一起就构成了一个链表。为了按照逻辑顺序对链表中的元素进行各种操作，在单链表的第一个元素之前增加一个特殊的结点（头结点），便于算法处理。这个变量称为"头指针""H"或"head"。头结点的数据域可以不存储任何信息，也可以存储线性表的长度等附加信息。头结点的指针域存储指向第一个结点的指针，若线性表为空表，则头结点的指针域为空。由于最后一个元素没有后继，所以线性表中最后一个结点的指针域为空。

3. 结点的动态生成及回收

需要添加结点时，使用函数 malloc 进行内存申请，建立一个结点；使用函数 free（s）进行释放即可。

```
int Get(node *s)
 {
  s=(node *)malloc(sizeof(node));// 申请
  if (!s) return 0;         // 成功
  else return 1;           // 失败
}
```

三、单链表的结构、建立、输出

由于单链表的每个结点都有一个数据域和一个指针域，如图 8.7 所示，所以每个结点都可以定义成一个记录。那么，如何定义图 8.7 中单链表的数据结构呢？

图 8.7 单链表

下面给出建立并输出单链表的程序，大家可以借鉴并应用在以后的程序当中。

【参考程序】

```cpp
#include <iostream>
using namespace std;
struct Node
{
    int data;
    Node *next;
};
Node *head,*p,*r;//r 指向链表的当前最后一个结点，可以称为尾指针 int x;

int main()
{
    cin>>x;
    head=new Node;    // 申请头结点 r=head;
    while(x!=-1)          // 读入的数非 -1
    {
        p=new Node; // 否则，申请一个新结点 p->data=x;
        p->next=NULL;
        r->next=p;    // 把新结点链接到前面的链表中，实际上 r 是
p 的直接前趋
        r=p;// 尾指针后移一个
        cin>>x;
    }
    p=head->next;      // 头指针没有数据，只要从第一个结点开始就
可以了
    while(p->next!=NULL)
```

```
    {
        cout<<p->data<<" ";
        p=p->next;
    }
    // 最后一个结点的数据单独输出，也可以改用 do-while 循环
    cout<<p->data<<endl;
    system("pause");
}
```

四、单链表的操作

1. 单链表的建立

单链表的建立示例如下：

```
 void create_sl(node **h, int n) // 建立带头结点的 n 个元素的
单链表
 {
    node *p,*s;int i;
    elemtype x;
    *h=(node*)malloc(sizeof(node));
    (*h)->next=NULL;
    for (i=0;i<n;i++) {
      input(&x);
    s=(node*)malloc(sizeof(node));
    s->data=x;s->next=NULL; // 生成结点并赋值
    if ((*h)->next==NULL) (*h)->next=s;
    else p->next=s;
    p=s;
    }
}
```

2. 单链表的访问

在单链表中取出第 i 个元素，示例如下：

```
elemtype access_sl(node *h,int i)
{ // 在带头结点的单链表 h 中取出第 i 个元素
  node *p=h;
  for (int j=0; p->next!=NULL&&j<i; j++)
  p=p->next;
  if(p!=NULL&&j==i)
  return(p->data);
  else
  return NULL;
}
```

3. 单链表的插入

插入结点前后的单链表变化如图 8.8 所示。

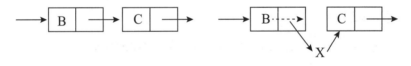

图 8.8　插入结点前后的单链表变化

程序如下：

```
void insert_sl(node *h,int i,elemtype x)
{
  node *p=h,*t; int j=0;
  while(p->next!=NULL&&j<i)
  p=p->next, j++;
  if(j!=i)
  { printf("error");return; }
  t=(node*)malloc(sizeof(node));
```

```
    t->data=x;
    t->next=p->next;
    p->next=t;
}
```

4. 删除单链表中的第 i 个结点

删除图 8.9 中的"B"结点前后链表的变化：

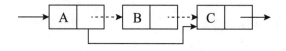

图 8.9　删除结点前后链表的变化

```
void delete_sl(node *h,int i)
{
    node *q=h,*s; int j=0;
    while (q->next!=NULL && j<i-1)
        {q=q->next;j++; } //查找 i 结点
    if (j!=i-1)
        { printf("i is invalid!"); return; } //无 i 结点
    p=q->next;
    q->next=p->next;
    free(p); //完成删除
}
```

5. 求单链表的实际长度

求单链表的实际长度示例程序如下：

```
int len(Node *head)
{
    int n=0;
    p=head
    while(p!=NULL)
```

```
    {
        n=n+1;
        p=p->next
    }
    return n;
}
```

五、双向链表

每个结点都有两个指针域和若干数据域，其中一个指针域指向它的前趋结点，另一个指向它的后继结点。双向链表的优点是访问、插入、删除更方便，速度也更快。但缺点是"以空间换时间"，对比单键表，双向键表占的空间更大。

```
struct node
{
    int data;
    node *pre,*next;    //pre 指向前趋结点，next 指向后继结点
}
node *head,*p,*q,*r;
```

图 8.10 给出了双向链表的插入和删除过程。

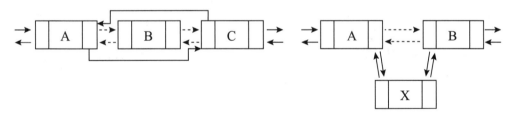

图 8.10　双向链表的插入和删除

例 8.15　队列安排

学校里老师要将班上 N 个同学排成一列，同学们被编号为 $1 \sim N$，他采取如下的方法：

（1）先将 1 号同学安排进队列，这时队列中只有他一个人。

（2）$2 \sim N$ 号同学依次入列，编号为 i 的同学入列方式为：老师指定编号

为 i 的同学站在编号为 1 ~（i-1）中某位同学（即之前已经入列的同学）的左边或右边。

（3）从队列中去掉 M（$M<N$）个同学，其他同学位置顺序不变。

在所有同学按照上述方法排列完毕后，老师想知道从左到右所有同学的编号。

【输入格式】

第 1 行为一个正整数 N，表示有 N 个同学。

第 2 ~ N 行，第 i 行包含两个整数 k、p，其中 k 为小于 i 的正整数，p 为 0 或者 1。若 p 为 0，则表示将 i 号同学插入到 k 号同学的左边，p 为 1 则表示将 i 号同学插入到 k 号同学的右边。

第 N+1 行为一个正整数 M，表示去掉的同学数目。

接下来 M 行，每行一个正整数 x，表示将 x 号同学从队列中移去，如果 x 号同学已经不在队列中则忽略这一条指令。

【输出格式】

1 行，包含最多 N 个空格隔开的正整数，表示了队列从左到右所有同学的编号，行末换行且无空格。

【输入输出样例】

输入样例	输出样例
4 1 0 2 1 1 0 2 3 3	2 4 1

【分析】

本题采用一个双向链表维护队列，每次将一个人插入后更改前面那个人的下一个结点即可。本题也可以采用数组模拟链表，由于还有删除操作，因此需要另外开一个数组记录这个人是否输出，如被删除过则不输出。参考程序采用双向链表实现操作，请大家思考采用一个数组记录是否可行。

【参考程序】

```
#include <iostream>
struct kdt{
  int last;
  int next;
}q[100005];
using namespace std;
int n,m,h;
bool s[100005];
int main(){
  cin>>n;
  s[1]=true;q[0].next=1;q[1].next=100001;
  q[100001].last=1;
  for(int i=2;i<=n;i++){
    s[i]=true;
    int k,p;
    cin>>k>>p;
    if(p==0){
      int x=q[k].last;q[k].last=i;q[x].next=i;
      q[i].last=x;q[i].next=k;
    }
    else{
      int x=q[k].next;q[k].next=i;q[x].last=i;
      q[i].last=k;q[i].next=x;
    }
```

```
    }
      cin>>m;
      for(int i=1;i<=m;i++){
        int a;
        cin>>a;
        if(s[a]==true){
          q[q[a].last].next=q[a].next;
          q[q[a].next].last=q[a].last;s[a]=false;
        }
      }
      h=q[0].next;
      while(h!=100001){
      cout<<h<<" ";
        h=q[h].next;
      }
    }
```

六、循环链表

（1）单向循环链表：最后一个结点的指针指向头结点，如图 8.11 所示。

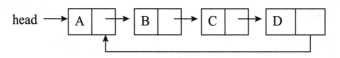

图 8.11　单向循环链表

（2）双向循环链表：最后一个结点的指针指向头结点，且头结点的前趋指向最后一个结点，如图 8.12 所示。

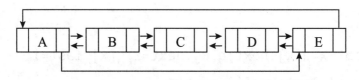

图 8.12　双向循环链表

七、练习

练习1　108766. 食堂排队

【题目描述】

某校食堂有很多窗口，但每个窗口只排一列队伍。为了同学们能各排各的队，我们让每个人记住和他在同一个窗口打饭的人。

【输入格式】

第一行 2 个整数 n、m，表示排队人数和窗口数。

第二行 n 个整数，表示每个人要打饭的窗口数。

【输出格式】

m 行，每行一个数 k，表示 k 个人排这个窗口，随后 k 个数表示排这个窗口的人。

【输入输出样例】

输入样例	输出样例
5 1 1 1 1 1 1	5 1 2 3 4 5

练习2　102146. 询问学号

【题目描述】

有 n（$n \leqslant 2 \times 106$）名同学陆陆续续进入教室。我们知道每名同学的学号（在 1 到 10^9 之间），按进教室的顺序给出。上课了，老师想知道第 i 个进入教室的同学的学号是什么（最先进入教室的同学 $i=1$），询问次数不超过 10^5 次。

【输入格式】

第一行 2 个整数 n 和 m，表示学生个数和询问次数。

第二行 n 个整数，表示按顺序进入教室的学号。

第三行 m 个整数，表示询问第几个进入教室的同学。

【输出格式】

m 个整数表示答案，用换行隔开。

【输入输出样例】

输入样例	输出样例
10 3	1
1 9 2 60 8 17 11 4 5 14	8
1 5 9	5

第六节　指针综合实战

练习 1　108751. 质数筛

【题目描述】

输入 n（$n \leqslant 100$）个不大于 100 000 的整数。要求全部储存在数组中，去掉不是质数的数字，依次输出剩余的质数。请使用指针完成该问题。

【输入输出样例】

输入样例	输出样例
5	3 5 7
3 4 5 6 7	

练习 2　108743. 分类平均

【题目描述】

给定 n（$n \leqslant 10000$）和 k（$k \leqslant 100$），从 1 到 n 之间的所有正整数可以分为两类：A 类数可以被 k 整除（也就是 k 的倍数），而 B 类数不能被整除。请输出这两类数的平均数，精确到小数点后 1 位，用空格隔开（保证两类数的个数都不会是 0）。请使用指针完成该问题。

【输入输出样例】

输入样例	输出样例
100 16	56.0 50.1

练习 3　108744. 笨小猴

【题目描述】

笨小猴的词汇量很少，所以每次做英语选择题的时候都很头疼。但是它找到了一种方法，经试验证明，用这种方法去选择选项的时候选对的概率非常大！

这种方法的具体描述如下：假设 maxn 是某单词中出现次数最多字母的出现次数，minn 是这个单词中出现次数最少字母的出现次数，如果 maxn–minn 是一个质数，那么笨小猴就认为这个单词是 Lucky Word，这样的单词很可能就是正确的答案。

请使用指针解决该问题。

【输入格式】

一个小写字母的单词，并且长度小于 100。

【输出格式】

第一行是一个字符串，假设认为输入的单词是 Lucky Word，那么输出 Lucky Word，否则输出 No Answer；

第二行是一个整数，如果输入单词认为是 Lucky Word，输出 maxn–minn 的值，否则输出 0。

【输入输出样例】

输入样例	输出样例
error	Lucky Word 2

【说明】

输入输出样例解释：

单词 error 中出现最多的字母 r 出现了 3 次，出现次数最少的字母出现了 1 次，3−1=2，2 是质数。

练习 4 　 105382. 总分最高的学生

【题目描述】

现有 N（$N \leqslant 1\,000$）名同学参加了期末考试，并已得知每名同学的信息：姓名（不超过 8 个字符的字符串，没有空格），语文、数学、英语成绩（均为不超过 150 的自然数）。请输出总分最高的学生的各项信息（姓名及各科成绩）。如果有多个总分相同的学生，输出信息输入靠前的那位。

【输入输出样例】

输入样例	输出样例
3 senpai 114 51 4 lxl 114 10 23 fafa 51 42 60	senpai 114 51 4

练习 5 　 旗鼓相当的对手

【题目描述】

现有 N（$N \leqslant 1\,000$）名同学参加了期末考试。目前已得知每名同学的信息：语文、数学、英语成绩（均为不超过 100 的自然数）。如果某对学生的每一科成绩的分差都不大于 5，且总分分差不大于 10，那么这对学生就是"旗鼓相当的对手"。现在想知道这些同学中，有几对"旗鼓相当的对手"（同一个人可能会和其他好几名同学结对）？

【输入格式】

第一行一个正整数 N。

接下来 N 行，每行三个整数，其中第 i 行表示第 i 名同学的语文、数学、英语成绩。最先读入的同学编号为 1。

【输出格式】

输出一个整数，表示"旗鼓相当的对手"的对数。

【输入输出样例】

输入样例	输出样例
3 90 90 90 85 95 90 80 100 91	2

参 考 文 献

［1］袁春风.计算机组成与系统结构［M］.北京：清华大学出版社，2015.

［2］秦磊华，吴非，莫正坤.计算机组成原理［M］.北京：清华大学出版社，2011.

［3］李广军.微处理器系统结构与嵌入式系统设计［M］.北京：电子工业出版社，2011.

［4］谭浩强.C程序设计［M］.4版.北京：清华大学出版社，2010.

［5］唐朔飞.计算机组成原理［M］.2版.北京：高等教育出版社，2008.

［6］李见伟.计算机中信息的表示［J］.中国现代教育装备，2010（7）：29.

［7］董永建.信息学奥赛一本通［M］.北京：科学技术文献出版社，2013.